视觉传达设计要素分析 与UI创意设计

陈　洁/著

中国商业出版社

图书在版编目(CIP)数据

视觉传达设计要素分析与 UI 创意设计 / 陈洁著. --
北京 : 中国商业出版社，2017.4 (2024.8 重印)
ISBN 978-7-5044-9815-1

Ⅰ . ①视… Ⅱ . ①陈… Ⅲ . ①人机界面－程序设计
Ⅳ . ①TP311.1

中国版本图书馆 CIP 数据核字(2017)第 076989 号

责任编辑:武维胜

中国商业出版社出版发行
010－63180647　www.c_cbook.com
(100053　北京广安门内报国寺 1 号)
新华书店总店北京发行所经销
三河市天润建兴印务有限公司

＊　＊　＊　＊　＊

787 毫米×1092 毫米　16 开　18.25 印张　237 千字
2018 年 1 月第 1 版　2024 年 8 月第 3 次印刷
定价:64.00 元

＊　＊　＊　＊

(如有印装质量问题可更换)

前　言

近些年来,随着我国移动互联网等新兴互联网产业的高速发展,"用户体验"成为市场竞争中的关键性要素。用户体验至上的时代悄然来临。新兴的互联网企业不断地关注和强调用户体验、用户界面,这催生了新的设计门类和新的设计职位。UI 设计和 UI 设计师便是在这样的背景下应运而生并日渐受到关注的。

UI 设计在当今时代的重要性不言而喻,但目前 UI 设计人才缺口是十分巨大的。据不完全统计,2016 年全国 UI 设计人才的缺口约为 15 万。另外,在职的 UI 设计人员中有很大一部分人的专业程度十分有限,他们对 UI 设计的认知还简单地停留在美工阶段,缺乏对 UI 设计规范的深入了解。为了加深社会人员对 UI 设计的认识,也为了培养全面专业的 UI 设计人才,笔者在实践的基础上经过研究、总结,撰写了此书。

本书围绕 UI 设计的特点和 UI 设计师的能力要求,深入系统地介绍了视觉传达设计的风格演变与当代特征;从 UI 设计的基本要素,即视觉传达的三大要素入手,分章一一详细讲解字体、图形、色彩等要素在视觉设计中的重要作用与重要用法;在详细讲解完组成一个设计作品最基本的三大要素之后,笔者着重分析了 UI 设计的概念、流程、规范,在此基础上探讨了 UI 设计具体表现的工具和方法,并跳出具体的技术层面,从更高的审美层面出发对当代流行的 UI 设计风格做了精准全面的分析。

本书在行文上遵从由浅入深、循序渐进的人类认识规律,首先对视觉传达进行了全面详尽的研究,而后引出 UI 设计,这也与 UI 设计从属于视觉传达设计、是视觉传达设计中新兴的设计门类这一基本事实相符。此外，本书在写作过程中插入了大量的设计案例，这也是符合认知规律的，通过案例与观点的结合，使得理论与实际联系了起来，也使读者的阅读理解变得更为直观简单。最后需要说明，本书在撰写过程中借鉴和参考一些国内外专家学者的研究成果，并做出微薄的尝试与促进，在此，对这些专家学者们表示诚挚的感谢。

对于本书，笔者虽力求完美无瑕，但限于能力有限，书中若有不全面、不准确之处，还望各位专家、学者予以批评指正。

作　者

2016 年 10 月

目　录

第一章　视觉传达设计及其时代内涵解析

设计自始至终都是伴随着人类的诞生而出现的,最初主要是以人类的生物性和社会性的生存方式存在的。随着时代的不断发展与变迁,视觉传达设计也经历了由工业化时期到信息化发展时期的转变。现在,因为信息的载体在持续地扩大,视觉传达设计也就变得无所不在、无所不需了,视觉传达设计作为人类文化的一个比较重要的组成部分,它势必会跟随人类社会的不断发展进步,创造出一种更新的文化与文明。

第一节　视觉传达的概念与属性

一、视觉传达设计的感念

(一)定义

对于视觉传达设计而言,其英文名是:Visual Communication Design,主要是指利用视觉符号来传达信息、进行沟通设计的形式。虽然人类运用视觉符号传递信息的方式能够追溯至史前社会,但一直到 20 世纪 40 年代起,美国的马塞诸塞州一位工科大学教授——克宾斯,才首次使用了视觉传达设计这个词语,并且还从视觉传达角度对视觉元素与视觉生理及心理方面的关系进行了分析。在这之前,西方往往会把这种设计叫作商业美术设计或者印刷设计、平面设计等，一直到影视等其他多媒体技术被普遍地应用到信息传达领域范围内时，才被逐渐地改称作视觉传达设计。

(二)信息的视觉传达

科学、合理地使用视觉语言符号传达信息极为重要，因为信息本身并没有形状，是一种非物质的虚体，它必须要借助能够被人所感知的媒介加以表达。所谓的视觉语言符号，实际上就是指人类的视知觉可以感知到的符号语言系统。

目前，视觉媒体大体上能够分成三类：一是印刷方式的媒体：标志、图形、图表、广告、包装等；二是影像方式的媒体：电影、电视、摄影等；三是数字化方式的媒体：互联网、多媒体、新媒体等。毫无疑问，不同视觉媒体都具有不同的传达信息的方式与独特的途径，所以，对视觉传达的设计师们来说，选择与其相符合的视觉表达方式是十分重要的。

(三)视觉传达设计与平面设计

从历史不断发展的视角而言，视觉传达曾经有过商业美术设计、平面设计、装潢设计、图形设计等不同的称谓，有些称谓一直到现在还在使用。

实际上，视觉传达设计经过几次易名都是因为技术和设计手段在不断地革新，设计容量以及其功能在不断扩大而引起的。虽然这些概念间存在着千丝万缕的联系，但就如同我们现在所看到的一样，设计界仍然在比较广泛地使用平面设计这种称谓。

二、视觉传达设计的形态属性

根据来源来看，我们把视觉传达设计的形态属性分成两大类：自然形态与人工形态，其中，人工形态处在主体地位。

（一）自然形态

自然形态也就是来源于自然界的形态，有时也可以叫作有机形态或者生物形态。摄影、影视艺术也可以说是一种最直接地借助于科技力量再现自然形态的艺术形式。但是，如果只是相对于纯粹的自然形态来说，这些也应该归属于人工形态（图1-1）。

图 1-1　依据砚台自然纹理的设计

无论是人类自身的发展史、文化史，还是艺术史、设计史，都在讨论人类的艺术及设计"从何而来？又到何处去？"的问题。当我们回顾人类文明和设计历史的进程时很容易发现，人类的所有创造大都来自自然界。各类自然物自身的存在实际上也和运动存在一定的组织结构、外观形式以及运动秩序。

达尔文提出的"物竞天择，适者生存"理论，深刻地揭示了生命存在和延续的意义。如在建筑设计领域，丹麦著名的建筑设计师乌特松对悉尼歌剧院进行设计，将自然肌理与人工形态之间的巧妙结合起来。对歌剧院的设计方案一直都存在较大的争议，而且还在施工过程中多次遭到否定、争执，甚至一度停工，其内部的设计方案最终遭到改变，才变成了现在人们所看到的样式（图1-2）。1993年的悉尼歌剧院庆典20周年时，乌特松谢绝了所有的邀请，不愿意赴澳洲去观光。但是这个例子也充分说明了一个设计师更需要具备一种现实自觉与超越时空的勇气，不向现实妥协，最大可能地发挥出艺术想象的创造力。这一设计已经成为20世纪的典范,回到现在的现实生活中,想象仍旧是我们在设计时的动力。如北京奥运会的主场馆设计灵感就来自自然界中的鸟巢,当然,还有不少的工业产品设计都是采用仿生手法(图 1-3)。

图 1-2　悉尼歌剧院

图 1-3　采用仿生手法的建筑设计

(二)人工形态

所谓人工形态实际上就是指经过人们加工制作而形成的一种形态,具有不同于自然形态的特征。首先,人工形态的创造具有明显的目的性,是为了满足人类某种需求而创造的。其次,在人工形态的创造实践活动中,设计者的设计观念、设计技巧、文化背景以及使用对象的目的、需求、审美心理等都会对设计形态产生限定作用。此外,人工形态是人类生产活动的成果,是在一定的社会关系中进行的,不同地域、民族、国家以及不同时代的人工形态均有不同的特征。

人工形态按照其造型特征能够分成三种形态:具象形态、抽象形态和意象形态。

1.具象形态

这种形态主要是依据客观物象的本来面貌而构造的写实现象,其形态和实际形态比较相近,所反映物象的细节是十分真实与典型性的本质写实。在视觉传达设计领域范围内,一般都会将模仿人造物归于具象形态,如建筑、工具、生活用品等。所以,凡是可以被人们指认出来的形态都具有具象形态的重要特征(图 1-4)。

图 1-4　水立方场馆

2.抽象形态

该形态并不是直接模仿现实的形象,而是依据原型的概念和意义,对其进行创造的观念性符号,使人们无法直接地分辨出原始的形象以及意义,它是以一种十分纯粹的几何观念而提升的客观性意义的形态,如正方体、球体及由此而衍生出来的具有单纯艺术特征的形体。在心理学上,抽象主要是指人类所具有的一种思维方式,是在分析、综合、比较基础上把同类事物的本质进行抽取、提炼成一种概念的过程。也恰好是因为抽象形态具有这种简单化、概念化的意义,才让其具有了无限想象的空间(图 1-5)。

图 1-5　抽象形态

3.意象形态

该形态属于对自然形态中的某种视觉元素进行提炼并加以概括、简化处理之后的一种形态。在视觉传达设计领域范围内，意象形态属于一种普遍存在的表现手法。而对于自然物和人造物来说，这种处于似与不似间的形态通常都会对自然物、人造物形成一定的隐喻、暗示与象征。与抽象形态相同，意象形态往往也是一种由主观意志构想出来的形态（图 1-6）。

图 1-6　意象形态

(三)视觉传达的语言属性

1.视觉是一种语言艺术

在人类文明发展的初期,视觉是人类对世界认识的一种最主要的手段。原始时期,视觉符号不仅在认识自我过程中起到比较重要的作用,而且在认识自然过程中也承担着十分重要的角色,以视觉形象为主的文化现象一直都占据着主导地位。文化人类学与考古学的很多实例也都已经证明:语言的直接源头其实就是舞蹈、绘画与音乐。绘画在原始人的意识中,除了存在一种比较朴素的审美意识外,其最大的功能就在于交际,所以,绘画是一种人和自然、同类以及宇宙交际的重要符号(图1-7)。

图1-7 图形设计

2.视觉为信息传达设计

平面设计可以凭借其大众传播的力量对人的视觉产生作用,其主要的目的就是"追求意义",主要是为了"告知""动之以情",并且还在一定程度上要求人们改变观念,所以,我们可以很容易理解:平面设计的根本就是"为传达而设计",而这也就意味着传达、理解、造型这三者之间并不是相互独立的,在其相互的有机关联中,最终走向"文化图形"的形成。

视觉信息具备的可读性首先需要视觉语言能够清晰可辨地

表示出来,即信息符号的示意不可以含混不清;视觉语言也不可以言之无物,词不达意。所以,设计师在进行信息符号编制时,不可以忽略掉情感方面的因素对信息传达在理解和认知层面的重要作用。

(1)信息能否完成沟通

视觉传达能够视作一个编制表现性符号的创造性过程,而表现性视觉符号所传达的事物则属于一种比较模糊且丰富的类型,人们从中能够获得的信息尽管大致是相同的,但是却又会因人而异。在视觉传达设计中,信息的释放并不是设计师们一味的主观自我表现,也不是"自说自话",而是一定要将客观的受众群体作为诉求的主要目标,以信息的可视性作为传达设计的重要前提,编制信息符号,创作图形语言,把想要传达的信息转换为一种易于理解、耐人寻味的创意(图 1-8)。

图 1-8　碧浪洗衣粉广告

(2)能否吸引更多注意

读图时代的到来并不是一句空喊的口号,而商家们也早就发现图像的巨大魔力。在这场全球的眼球争夺战中,如果广告的信息不能被注意到的话,那么也就不能谈得上是被接受的,也就更谈不上被影响。怎样去打开消费者注意力这扇门,是创意必须要面临的重要问题。例如潘婷在第八届中国广告节上的获奖作品,极富有创造力,而且还十分精彩地诠释了产品(图 1-9)。

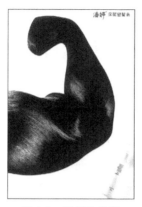

图 1-9　潘婷洗发露

（3）能否简洁地完成传达

当今世界在急剧地发生着变化,而广告则被视为这个急剧变化时代的一种表征。所以我们能够毫不夸张地说,广告目前已渗透到社会的每个角落中。

设计不但要赋予各种各样的观念、情感以及经验以具体的表现形式,还应该提供一个比较直接且强烈的感受事物的途径,更可以将人们的感受扩大提升至超越普通的意识中去,使我们能够获得一种独特而开放性的思维去探索新的视觉体验,并以一种全新的观点去看待比较熟悉的事物以及人类自身的存在。如雕牌洗衣粉的衣架篇广告设计就特别简洁出众(图 1-10),画面中除了衣架与衬衫之外,都是空白的,不仅相对夸张地传达出了产品的功能,同时还不失为一个比较优美的视觉图形。

图 1-10　雕牌洗衣粉广告

第二节　视觉传达设计的历史风格

风格是设计师的一种语言,主要是借助于视觉语素、形态,运用一定的视觉语法结构将信息的语言表达方式准确地传达出来。同样,设计风格的形成也很难避免要受到社会、时代及设计师自身气质、素养、经历等多个方面的影响。就像苏联著名美学家鲍列夫说的那样:"风格是创作过程的一个因素,它统一着这个过程,并将其纳入统一的轨道。"

一、不同历史时期的风格

(一)手工业时期的风格

在手工业时期的早期,人们主要是靠手工劳动来配合简单的工具进行生产,生产形态也主要是个人或者是以家庭为单位的作坊。自然经济与小农经济时期的社会形态则极大地限制了设计与生产,同时也在一定程度上限定了视觉传达的方式与发展方向。到了手工业时期发展的后半段,则出现了以货币形式为中介的交换渠道以及以市场为中心的生产交换方式。

受到各种因素的约束,手工业时期的设计通常都体现出一些共同的特点。如以个人或者封闭式的作坊为主的生产形式,导致了由于制作方法与制作工艺上的差异而形成的风格多元化的现象;一些由于偶然现象与机遇而产生的比较特殊的装饰效果得以应用,这时很多设计者的设计取向则开始崇尚技巧与形式;人类在各个不同的时期都不可避免地在各层面上出现对自然的崇拜,这也进一步导致了在设计的取材方面倾向于对自然进行模仿。此外,阶级的出现也极大地促成了设计风格朝着不同的方向发展,基本上各个地域的设计特征都由于阶层的不同而分成了宫廷风格与民间风格。

(二)早期工业时期的风格

谷登堡把中国的印刷术引进欧洲之前,视觉传达设计还基本上依旧是一种处在基于手工业生产的基础上的活动。设计者与制作者通常都为同一个人,而设计的服务对象也大多都是以权贵与上流社会的富裕阶层为主。同时,设计的主要支持力量通常都是王权、教会以及新生的资产阶级。整个设计风格也都是为了迎合这些阶层的兴趣、爱好而出现的,体现出了一种比较繁复、矫饰的特征。

17世纪与18世纪初期的视觉传达设计,主要是以巴洛克风格为其典型的代表。这一时期的视觉设计往往采用的是对称的构图,象征性的布局,矫饰的烦琐装饰,充满了十分明显的阶级特点。

随着机器大生产的迅速普及,使人们有可能利用比手工更为有效的动力与机械去表达自己的设计风格。视觉传达设计也由此获得了一种更加自由、更加广阔的表达方式。视觉传达设计的主要目的则由原来满足少部分人的需要逐渐朝着满足市场需要快速发展,设计师同时还需要考虑到技术的因素,把大部分精力都放于怎样让设计作品更具有市场价值。工业化的快速发展,也极大地促使城市工业人口的飞速增长,这些城市的新居民也迅速变成了大众化消费品的重要消费者。

(三)工艺美术时期的风格

工艺美术运动最早起源于英国19世纪后半期的一场巨大的设计运动。其产生的主要原因是针对当时大批量的生产所带来的设计水准降低的局面。工艺美术运动的重要理论指导者是著名作家约翰·拉斯金(John Ruskin),由威廉·莫里斯(William Morris)、福特·布朗(Ford Madox Brown)等人共同创建了艺术小组拉斐尔前派。他们极力反对机械美学,大力主张为少数人进行设计,极力主张回归于中世纪传统中去,设计风格也在很大程度上受到当时日本艺术的广泛影响,设计的目的则是"诚实的艺术"(Honest Art),并且还努力去恢复手工设计的手段。

在工艺美术运动时期,视觉传达设计也在一定程度上得到了长足的发展。其中威廉·莫里斯则在这场运动之中起到极为重要的作用。

在 19 世纪前半叶,还有很多批量化生产的出版物封面出现,这些作品在格调上都比较低,质量也较差。19 世纪末期,威廉·莫里斯也深感印刷技术书籍的装帧十分落后,于是在 19 世纪 90 年代初期开办了一家印刷所,对印刷工艺进行了深入而广泛的研究。

到了 19 世纪 50 年代时期,彩色印刷技术迅速得到推广,它在很大程度上极大地推动了包装设计广泛且迅速地发展。尤其是在香烟、药品等一些日常包装设计中得到大范围的使用,成绩斐然。它一度促使原来比较简陋的铁皮盒子、瓶子以及简单的纸盒等包装,变成了带有十分精美的外包装设计(图 1-11)。与此同时,人们也开始对包装的各种形式加以探究,使之变得更加合理。19 世纪初期,碳酸饮料在全球范围内得以流行,也对产品的包装方式提出了一种新的要求。

图 1-11　工艺美术时期的视觉设计

（四）新艺术运动的风格

新艺术运动与"工艺美术运动"时期的风格存在很多的相同点，他们都极力反对矫饰、浮华的设计装饰风格。而工艺美术运动则主要是反对"巴洛克"风格，新艺术运动主要针对的是"维多利亚"风格。二者同样都是追求一种自然的风格，都提倡回归手工时代，同样也都深刻地受到日本江户时代的艺术风格影响，尤其是深受"浮世绘"的影响。二者之间的最大区别在于威廉·莫里斯等人所倡导的"工艺美术运动"极度崇尚歌德风格，但是新艺术运动则并不是这样，它主张完全放弃对任何一类传统的形式进行模仿。新艺术运动的主张主要是走向完全的自然风格，师从自然，并且还大量发掘决定动植物生长、发展的一切内在的过程。这些人强调，自然界内并没有完全的"直线"，也不存在完全的"平面"。

新艺术运动也大量地使用了富有装饰性线条所组成的图案纹样。新艺术运动的很多艺术家们也从较多动植物的形状与生长规律中汲取一系列的优点，并在此基础上进行逐步演化，最终形成了自己的独特风格。它不但受到了前期英国"工艺美术运动"的深刻影响，而且还打上了唯美主义与象征主义的深刻烙印，并且受到东方艺术的广泛影响，即日本江户时期的"浮世绘"（图1-12）。

图1-12　日本"浮世绘"风格

(五)艺术装饰运动的风格

在 19 世纪末 20 世纪初期,欧美的"新艺术运动"盛行以后,"装饰艺术运动"与"现代主义运动"基本上是同时出现的。装饰艺术运动则是于 20 世纪二三十年代在欧美风行的设计运动。它与现代主义运动在同一个时期出现,并且二者之间还相互影响,但是从生命力上来看,艺术装饰运动还远远不能够体现出设计民主化、强调设计的社会效应的"现代主义运动"。

在形式上,"装饰艺术运动"虽然受到很多因素的影响,但是最终也的确形成了自己的独特的风格。总体来看主要是深受原始艺术的影响,对埃及等一些古代的装饰风格的借鉴与运用,对一些简单几何图形的真挚追求,以及在 20 世纪初的舞台艺术影响与对速度感、时代感的追求,都呈现出其发展的独特设计风格。如毕加索的作品《亚维农的少女》(图 1-13)就深受非洲艺术的影响。

图 1-13 《亚维农的少女》

20 世纪二三十年代,美国的设计风格受到当地民族化以及文化多元化发展的深刻影响,表现出了十分强烈的装饰艺术运动的风格。在第一次世界大战结束以及 1929 年的经济危机爆发之后,欧洲与整个北美经济市场基本上处于崩溃的边缘,人们心里也充满了对未来生活的恐慌与不安,而电影院则成了人们可以暂时忘掉生活压力的绝好场所,由此,好莱坞电影事业得到迅猛的发展,同时也极大地带动了有关行业的发展,如广告设计、招贴设计、字体设计等。当时的好莱坞的电影很明显地吸收了少数民族的文化以及古埃及、玛雅文化的养分,最终形成了自己独特的艺术风格,这就演变成了人们经常所说的"好莱坞风格"。

(六)现代主义运动风格

20世纪初期在欧美兴起了一场"现代主义"运动,这是一次真正意义的现代设计革命。它主要是强调设计应为社会服务,而并不是只为少数上层的权贵们来服务。它也重新正视机械生产所形成的"机械美"。这场运动所包含的范围极为广泛,从建筑设计到视觉传达设计,从哲学再到诗歌,基本上囊括了一切所能想到的艺术形式。

"现代主义"运动主要是从荷兰、苏联以及德国三个国家开始的。现代主义运动主要致力于对新美学、新形式的努力探索。早在1915年,范·杜斯伯格就与蒙德里安等几位艺术家及设计家一起,以《风格》为中心展开从艺术、建筑、视觉传达等多个方面的研究,从而形成了现代设计的核心——"荷兰风格派"。

该派的一个重要思想就是强调"合作",在意识传达方面则主要宣传用大量的直线、矩形或者方块及简化、提炼的色彩(红、黑、灰、兰、黄、白)来传达自己的意识(图1-14)。

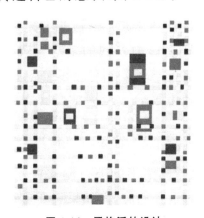

图1-14　风格派的设计

（七）现代视觉传达设计风格

包豪斯在设计的理论与教学体系方面建立起了现代化发展趋势，以社会效益作为主要目的进行了大量实验性的探索，对现代设计的发展作出十分重要的贡献。同时，美国的视觉传达设计也在工业化与市场经济的大环境背景下，呈现出一种极为强烈的"实用主义"气息。

在美国，现代设计与欧洲的风格并不一样，其学术色彩也不是太过强烈，设计也在当前时代背景下日益受到市场经济的深刻影响。为了满足市场的一系列需要，企业不得不提供各种不同的商品、包装，同时还广泛地利用各种各样的广告形式加以促销宣传。由此可知，美国的视觉传达设计在这一背景下要远远比欧洲更为具体，更商业化。

1929 年，美国国内爆发了一次规模较大的经济危机，而总统罗斯福推行"新政"，复苏美国经济。同时，这个时期以汽车制造业为主的企业工厂开始设立专门的设计部门，随之便出现了更多的设计公司，他们专门从事各种设计制作。30 年代之后，大工业化也逐渐变成了生产的主要方式，而美国的视觉传达设计事业也受当时迅速发展的工业设计影响，体现出了十分鲜明的"流线型"风格特色。

到了 30 年代，设计师逐渐发展成为一个全新的职业领域，设计师们以自己的设计去影响人们的生活方式。而大工业化的生产方式也促使消费者能够享受到更多的商品，这同时又会反过来推进设计事业的快速发展。

（八）现代多媒体视觉传达设计

数字化、网络化与高清晰的节目制作在现代社会已经发展成了我国广播电视业的重要趋势，而如果想要实现这一目标，需要具备较多比较专业的人员。但是，从目前的从业人员知识体系以及技术的结构去看，目前还远远不能满足数字化、网络化以及高清晰的节目制作需求。所以,作为一个高级知识人才的培养基地——各高校也担负着输送新知识体系、新技术、高素质人才的重任。

21世纪是一个信息化飞速发展的时代,各类新技术、新教学培训方式,都在极大地影响着学校未来发展方向。面对当前国际信息化发展的潮流,中国教育事业也只有尽可能快地实现同国际接轨,才有可能迅速提高我们的教学质量,从而尽量节省培训的成本,同时又能培育出大量优秀的人才。

二、设计风格的影响因素

(一)历史因素

设计风格不仅属于时代的产物,同时还是时代的一种体现。无论何种设计风格都是在特定的历史时期以及特定的社会环境中所形成的。纵观人类社会的设计发展历史,我们很容易就能发现所有具有一定个性的设计师都可以超越他们所生活的历史时期。而特定的历史时期所表现出来的政治、经济、科技发展水平、文化观念、价值观等综合因素,也势必会对设计观念形成一种潜移默化的影响,并会通过设计师的设计产品体现出来。

除此之外,就如同工业革命之后的机器大生产方式可以直接导致现代生产方式的产生,以及现代设计观念、风格的出现一样,在历史的舞台上所出现的设计风格无一不是其所属时代背景下的产物。

(二)民族文化

世界的发展始终都处在殊风异俗中。一个民族的风格的形成,主要体现在文化传统、审美心理以及审美习惯、生活方式等多个方面中,其会表现出极大的不同,也正是基于这类差异性,才最终构成了人类异常丰富的民族文化。设计师的设计风格形成始终都会受到民族文化的深刻影响。如美国设计所强调的功能主义风格,德国抽象主义风格(图 1-15)等,都是基于民族风格而形成的典型风格代表。

图 1-15　Maphy 酒广告设计

(三)艺术流派

视觉传达设计是科学和艺术的统一体,视觉传达设计风格深刻地受到艺术流派的广泛影响。有一些设计师自身也是集艺术家、设计师等为一体。例如,构成主义风格的重要代表人物埃尔·列捷斯基不仅是建筑家,还是艺术大师,他将现代绘画的造型与空间概念都运用于设计中去(图 1-16)。

图 1-16　《用红色楔形打败白色》海报

　　俄国的构成主义对其建筑、平面设计、舞台美术等多个领域都产生了较大的影响,并且还对整个欧洲的平面设计、建筑等领域产生了很大的推动。

(四)市场因素

　　市场是设计之所以能够存在的重要前提,所以,它对设计风格的形成起到极为重要的作用。市场需求也能够直接影响到视觉传达设计产品的多种功用,而功能的需求也往往会以满足广大消费者的物质要求作为前提。

　　线条、造型、色彩、版式、肌理甚至设计的语言结构等,都能成为导致广大消费者心理感受最终行为的决定因素。所以,既定消费群体的文化观念、修养、习惯等都能深刻地影响视觉传达设计风格倾向(图 1-17)。

图 1-17　3M Scotchgar 清洁剂广告

第三节　当代视觉传达形式的演变

　　21 世纪将是一个传媒的时代。电影、电视、网络、杂志、报纸等会在人们的工作和生活中凸显越来越重要的作用。媒体又称媒介,指承载和传播信息的载体。传统的四大媒体分别为电视、广播、报刊、户外媒体。随着社会及科学的发展,现代媒体的范畴发生了巨大的变化,衍生了许多适应现代视觉传达设计的媒体,如户外媒体、网络媒体和移动媒体等。

由于所涉及的领域十分宽广,并且处于不断更新的状态,因而视觉传达设计的功利价值和艺术审美价值都是很实用的。在当今信息化社会里,视觉传达在传达与接收、商务的贸易、生活消费等过程中都充当着重要的媒介角色。在字体、版面、编排、标志、海报招贴、广告、企业形象设计、报纸杂志等二维空间平面设计,包装、展示、陈列等三维空间设计,电视电影、广告、动画、舞台美术等思维空间设计中,视觉传达设计都有应用。与此同时,视觉传达设计的内容也在随着其覆盖范围不断扩展而不断扩充。随着创新、机遇和挑战的不断出现,视觉传达设计的设计形式和设计活动也在开拓着以往比较局限的领域,而内心的智慧则一直是视觉传达设计唯一不变的理念。

第四节　视觉传达设计的当代特征

视觉传达设计体现在人类社会多个方面,人们的生活也越来越离不开视觉传达设计。现如今,我们的生活节奏不断加快,人与人之间的交流更加密切,视觉传达设计受到政治、经济、社会、文化等与人们息息相关的生活各方面的影响,紧跟时代步伐,设计对象已经突破商业性目的的局限,在多个领域显示了强烈渗透和迅速扩张的影响力。当前,现代设计处于一个多元化发展的大趋势下,视觉传达设计的发展趋势和需求都开始向动态化和综合化方向发展,传统的形态上的平面化和静态化的局面已经有所萎缩。

一、美感性与象征性

(一)美感性

文字、图像、色彩是视觉传达设计艺术创作过程中的三个基本要素。这三个要素的不同组合和对比，会产生各人不同感觉的各种画面。画面的整体效果与这三大要素之间的组合是否协调、是否矛盾、排列顺序是否混乱有很大关系，如果它们之间相互矛盾、混乱而不协调，那么想要达到视觉传达的目的则是不可能的。然而正是这种协调，决定了视觉传达设计必须具备一定的美感，也正是这种协调决定了视觉传达设计的美感。在视觉传达设计中，以视觉生理为基础和条件而形成的视觉美感是一种心理反应的美感。正因如此，视觉美感是人类共同的心理，在一般情况下，它是不受地域、民族、文化、阶层等多种社会因素的制约。形式上的统一和变化规律是视觉美感的基本要求，它主要体现在处理视觉对象的关系之上。这种关系一般关乎视觉对象的局部之间、整体与局部的关系上。比如我们经常说的比例与尺度、对称与平衡、节奏与韵律、对比与统一等。要想达到一定的视觉传达效果，视觉传达设计就必须在保证一定的信息量的基础上符合视觉功能和视觉生理要求。

图 1-18　视觉传达的美感性

（二）象征性

在图像设计中，我们经常会运用到"借象寓意"这么一个概念。这是因为图形有一定的象征性，它正是以这种象征性作为传达信息的重要途径的。我们经常会用一些具体的事物来表示一些抽象的概念或者思想感情，图像便是其中的一个重要手段。我们常把一个事物或某种较为普遍的意义归纳为一个特定的形象，并且加以暗示。比如我们常用松树象征坚强，用荷花象征高洁，用虎豹象征凶恶。由于现在许多企业人为地约定一些象征的意义，并且这种手法已经约定俗成，虽然企业标志和企业形象与企业的内容往往并没有直接的联系，但这种运用象征的表现手法也是会经常被用于视觉传达标志设计和企业形象设计中的。

在日常生活中，当某种色彩被人的视觉感知到时，人们会产生一定的心理反应。比如，红色能给人一种热烈、喜庆的感觉，绿色给人以生机和希望；黄色给人舒适、温馨的感觉。同时，因为色彩的典型运用，使得色彩的象征意义在文化符号中也十分显而易见。比如故宫的红墙黄瓦，不仅显得富丽堂皇，也因其象征着古代封建皇权而显得具有庄严肃穆的色彩；徽州建筑的青瓦白墙，因其简单质朴的色彩搭配而显得舒适宁静。这都说明了色彩不仅可以传达信息，还可以改善空间环境。

由于社会的多方面都能够在视觉传达设计中有所体现，这些体现可以使人的视觉和心理同周围的色彩空间统一并达到和谐，因而人们就会在视觉传达设计中寻求一种能够调节人的视觉舒适度和愉悦心理、获得精神享受的可能。

图 1-19　视觉传达的象征性

二、可视性与语义性

(一)可视性

视觉的可视性是视觉传达的基础,这是由本质和内部规律的表象体现而决定的,这种现象在人类社会和自然界都有存在。设计者会利用这种现象与本质的统一,对可视信息符号和不可视信息进行表象和传达。例如,表情语言来源于人的情感和思维活动的面部表情传达,而肢体语言来源于人的情感和思维活动的姿态动作表达。

图 1-20　视觉传达的可视性

(二)语义性

在传达与接受之间,语义是联系二者的关键。要想使得传达成为可能,那么视觉符号就不仅仅需要可视,还需要可识别,这样的视觉符号才具备语义性。视觉符号能够被识别出来即为可识别;而视觉和知觉能够对被传达的信息形成理解,即为能够看懂,而可识别和可看懂是视觉信息语义性的最基本要求。对于不能理解的信息,视觉生理认为是很难形成交流的,反映在设计方面,即为有一定的排列组合逻辑性,形态、色彩、个性突出的作品,才能够较好地表达内容和情感,才能具有较好的语义性。这就强调了视觉传达设计中的逻辑性。只有具备较好的逻辑性,视觉传达设计的语义性才能够促进和实现信息的传达和交流。

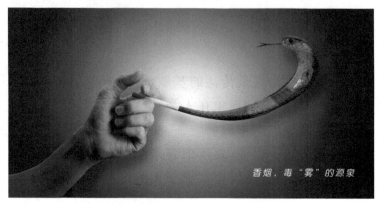

香烟,毒"雾"的源泉

图 1-21　视觉传达的语义性

三、独创性与创新性

由于当今的设计需求越来越偏向于个性化,因而视觉传达设计也就有了更多的可能,在形式上不再拘泥于表现,在独创性上,新颖和健康成为首要需求。设计的重要性是在科技带来的压力下产生的,商业界新的挑战呼吁着设计潜在能力的提高,也呼吁着设计由程式化转向个性化,寻找新的设计创意。个性化的需求对于设计师提出了更多关于对于视觉传达设计个性见解的要求,要求设计师对于这个个性的差异要有独特的见解,从而能够随心所欲地去表达,并不断超越自我。

四、民族性与文化性

每个国家、每个民族的艺术传统都各具特色,这些传统和特色都是以民族文化为根基的。以戏剧招贴设计而闻名的德国视觉传达设计大师霍尔戈·马蒂斯曾经说过:"每一种文化都有异类文化没有的东西。"因此,每个国家和民族保留自己的传统文化和风俗习惯是非常有必要的,并且还需要在保留的基础上进行传承和不断地提升,这些应用到视觉传达设计上更是应该如此。

五、多元化与国际化

当今世界,国际环境是持续变化的,视觉传达设计的受众因素也是在不断变化的,其转变的趋势是劳动力对象更加多样化。视觉传达设计师的设计理念就需要与客户因素保持一致。只有真正面向大众的设计才能够在设计描绘的广度和深度上达到要求,这不仅要求设计师将不同的设计元素进行重新组合,还需要把所有新的元素运用于其中,以传达多样性的文化信息。随着国家变化带动着自我观念的更新,各个国家和民族的文化开始走向国际化,在青年文化方面,这种趋势更加明显,音乐与广告在其中体现出强大的力量,视觉传达设计师就需要抓住这个时代特点,进行多元国际化的视觉传达设计。

如果问哪种元素是视觉传达设计中最具国际视野的,那么答案一定是图形。这是因为图形作为一种最为常用的视觉语言,不仅可以根据全球化和多元化的设计从认知观上体现合理化的大众理解,还能够因其一致的构思和表现给受众以共同的视觉感受。一个设计师若想保持敏捷的设计思维,并保证自己的作品不与现代世界设计脱轨,就必须积极关注世界现代设计的走势,对现代社会对设计的影响进行深度研究,这样才能够设计出充满智慧,能够简练却又不失达意巧妙的作品。日本视觉设计大师福田认为:"一定不能模仿他人!这才是创造。但是,有必要了解所有人的作品,甚至世界范围内的设计。"因此,我们可以认为,视觉传达设计艺术在不同文化的交流与碰撞中相互包容、借鉴和整合,从而形成多元化的特点,这是视觉传达设计走向未来的趋势之一。

六、情感化与人性化

由于人们在设计中寄托了太多关于精神和心灵的慰藉,因而设计是为人而进行的,必须以人为中心。20 世纪 70 年代以后,设计目的成了国际设计界重点思考的问题,从而引发了人们基于自然环境和社会环境一系列问题的深层次的思考和探究。真正目光长远的设计师是以促进人的身心健康发展和造就完美人性为设计目标的,催生了许多为残疾人、老年人和儿童等特殊群体而作的设计,这就形成了一个新的设计趋势。

设计的目的是让人们当前的生活更加美好,甚至能够惠及未来世界。这种设计理念促使设计通过引发人们的情感共鸣,增加设计的附带价值。随着社会和科技的发展,人们精神层面的需求和体验都得到强调,因而情感化也就承担了增加设计与人之间沟通,以及设计美感的重要责任。

七、生态环保化

由于现代科技文化引发了对环境和生态的严重破坏,人们对于环境问题越来越重视,开始提倡道德和社会责任心的回归。在改善环境、保护生态、充分利用资源的呼声中,未来设计的热点开始转向"绿色""环保"这些热词。视觉传达的绿色环保设计的内容包括量化设计、易于回收、发展节能等。所谓量化设计,就是保持产品的基本功能不变,在此基础上最大限度地合理使用资源;所谓易于回收,就是用可回收和可再生资源代替不可回收和不可再生资源,大力提倡使用易于拆卸的产品;所谓发展节能,就是着力开发和研究节能设计,尽量做到无污染。

第二章　视觉传达设计的层次类别与要素组成

人的行为受思维和情感的支配，分为本能的、行为的和反思的三种水平层次，相应的，视觉传达设计活动也有三种不同的水平层次，这三个水平层次互相影响，最终形成了人类的视觉传达活动的特点。除此之外，本章还关注视觉传达设计活动的组成要素，大概包含了形态、造型、色彩、材质、肌理、时空、文化等因素。

第一节　视觉传达设计的层次类别

人类理所当然地是所有动物中最复杂的，且拥有着复杂的大脑结构。虽然许多个人偏好作为部分的身体基本保护机制在出生时就已具有，但我们还具有强大的完成任务、创造和表演的大脑机制。比如，我们可以成为技艺娴熟的美术家、音乐家、运动员、作家和木匠。所有这一切都需要一个更为复杂的大脑结构，而不仅仅是对世界的自动反应。最后我们在动物之中是独一无二的，拥有语言和艺术、幽默和音乐。

当然，我们也能够意识到我们在世界中的角色。我们回忆过去，以便更好地学习；畅想未来，以便更好地准备；内省自我，以便更好地安排现在的活动。

唐纳德·A.诺曼认为人类的行为有本能的、行为的和反思的三种水平层次。这三个水平部分反映了大脑的生物起源，由原始的单细胞有机物慢慢地进化为较复杂的动物，再发展为脊椎动物、哺乳动物，最后演化为猿和人类。对简单动物而言，生命是由威胁和机遇构成的连续体,动物必须学会如何对它们做出恰当的反应。那么其基本的脑回路确实是反应机制:分析情境并做出反应。这一系统与动物的肌肉紧密相连。如果面对的事物是有害的或者危险的,肌肉便会紧张起来以准备奔跑、进攻或变得警觉;如果面对的事物是有利的或者合意的,动物会放松并利用这一情境。随着事物不断地进化,进行分析和反应的大脑神经回路也在逐渐改进,并变得更加成熟。把一段铁丝网放在动物与可口的食物之间,小鸡可能会被永远地拦住,在栅栏前挣扎却得不到食物;而狗会自然地绕过栅栏,美美地享受一番。人类则拥有一个更发达的脑结构,他们可以回想自己的经历,并和别人交流自己的经历。因此,我们不仅会绕过栅栏得到食物,而且还会回想这一过程—仔细考虑这一过程—决定移动栅栏或食物,这样下次我们就不用绕过栅栏。我们还会把这个问题告诉其他人,这样他们甚至在到那儿之前就知道该怎么做。

像蜥蜴这样的动物主要在本能水平活动,其大脑只能以固定的程式分析世界并做出反应。狗及其他哺乳动物则可进行更高的行为水平的分析,因它们具有复杂和强大的大脑,可以分析情境并相应地改变行为。人类的行为水平对那些易于学习的常规操作特别有用,这也是熟练的表演者胜过普通人的原因。

在进化发展的最高水平,人脑可以对其自身的操作进行思索。这是反省、有意识思维、学习关于世界的新概念并概括总结的基础。

因为行为水平不是有意识的,所以你可以成功地在行为水平上下意识地驾驶汽车,同时在反思水平上有意识地思考其他事情。娴熟的表演者可以运用这一便利,如娴熟的钢琴演奏者可以边用手指自如地弹奏,边思考音乐的高级结构;这也是为什么他们能够在演奏时与人交谈,以及为什么他们有时找不到自己弹奏的地方而不得不聆听自己的弹奏去寻找。此时,反思水平迷失了方向,而行为水平仍然在很好地工作。

这三个水平在人类的日常活动中也比比皆是:坐过山车;用

利刃有条不紊地在切菜板上把食物切成方块;沉思一部庄重的文学艺术作品。这三种活动以不同的方式影响着我们。第一种活动是最原始的,是对坠落、高速度和高度的本能反应。第二种活动涉及有效运用一个好工具的快乐,指的是一种熟练完成任务所产生的感受,来自行为水平。这是任何专家做某事做得很好时会感受到的快乐,如驾车驶过一段不容易走的路或弹奏一曲复杂的音乐作品。这一行为上的快乐不同于庄重的文学艺术作品提供的快乐,因为后者来自反思水平,需要进行研究和解释。

这三个水平相互影响的方式很复杂,为便于应用唐纳德·A.诺曼理论进行了一些很有用的简化。这三种水平可以对应于以下产品特点(图 2-1)。

本能水平的设计——外形;

行为水平的设计——使用的乐趣和效率;

反思水平的设计——自我形象、个人满意、记忆。

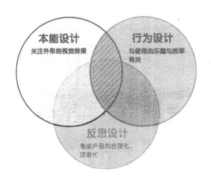

图 2-1　三种水平的设计

一、本能层次设计

人是视觉动物,对外形的观察和理解是出自本能的。视觉设计越是符合本能水平的思维,就越可能让人接受并且喜欢。

在本能层次,注视、感受和声音等生理特征起主导作用。因而,厨师会用心呈现食物的外观,巧妙地将食物摆放在盘子上。

在这里,优美的构图、干净的外表和美感都是重要的因素。在设计汽车车门中,在使其能牢固锁上时,还应该让关车门的声音听起来悦耳。哈雷摩托车的排气管能够发出强有力的隆隆声,十分独特。让车身圆滑、性感又迷人,就像如图 2-2 所示的 1961 年捷豹(Jaguar)经典款敞篷车。是的,我们都喜欢圆熟的曲线、光滑的表面和坚固结实的东西。

图 2-2　福特汽车

1961 年捷豹 E 系列,是代表本能层次设计力量的经典例子:豪华、优雅、令人兴奋。这辆车成为纽约现代艺术博物馆的设计收藏品,也是意料之中的事情。

行为层次设计的感官要素:行为层次设计强调物品的用途,在图 2-3 这个例子中,对淋浴的感官感受往往是优秀行为层次设计中被遗漏的一个关键因素。

图 2-3　科勒卫浴设备(Kohler Waterlaven)

以 Cobrina 家具系列为例。

Torafu Architects 事务所设计了一套名为"Cobrina"的小型家具产品系列,旨在让空间更有效地得到使用。"Cobrina"系列由日本家具制造商 Hida Sangyo 生产。

"Cobrina"一词来源于日语表达"Koburi-na",用于形容小巧的事物。该家具系列的特点是表面圆润和细长倾斜的腿。小型家具能为其环境提供一种柔和的氛围:就像一群小动物。设计师力求创造轻量的家具,以便使用者轻松地重新排列并改变用途(图 2-4)。

图 2-4　Cobrina 家具系列

较低的高度允许 Cobrina 椅可以整齐地摆放在桌面以下,同时有两种不同朝向形式的靠背创造了一个可爱的表情。Cobrina 椅有软垫和非软垫两种配置。根据不同的使用目的,如家居或办公室,除了天然木色之外,还有黑色、蓝色和浅灰色可供选择(图 2-5)。

图 2-5　Cobrina chair

Cobrina 桌的桌面实际上就是放大了的 Cobrina 椅座板形状，半圆形允许 Cobrina 桌能够靠墙摆放，圆润的转折让它能有效利用空间的同时又保持圆桌的特性。餐厅中的桌椅搭配在一起时，就是"父亲和孩子"（图 2-6）。

图 2-6　Cobrina table

Cobrina 凳是 Cobrina 桌的缩小版，既可以用作餐椅，也可以当作沙发旁的边桌。图 2-7 中 Cobrina 沙发是没有扶手的轻量双人座位。其靠垫的颜色、图案和数量可根据用户喜好随意搭配。

图 2-7　Cobrina sofa 和 Cobrina bench

Cobrina livingtable 作为矮桌，可用作茶几或放在有榻榻米的房间内（图 2-8）。

图 2-8　Cobrina livingtable

Cobrina AVcabinet 非常人性化,可靠墙摆放或放置在区域中央(图 2-9)。

图 2-9　Cbrina AVcabinet

Cobrina islandcabinet 有四个层板,可用于起居室或餐厅,见图 2-10。

图 2-10　Cobrina islandcabinet

Cobrina 衣架就像一棵小树,顶部容器可用于存放衣袋里的物品,见图 2-11。

图 2-11　Cobrina hangerstand

二、行为层次设计

行为水平的设计可能是我们关注最多的。特别是对功能性的产品来说,重要的便是性能。使用产品是一连串的操作,美观界面带来的良好第一印象能否延续,关键要看两点:是否能有效地完成任务,是否是一种有乐趣的操作体验,这是行为水平设计需要解决的问题。

行为层次设计和使用有关,这时,外观和原理就不那么重要了,唯一重要的是功能的实现。这是那些注重使用性的实践主义者所抱持的设计观点。

优秀的行为层次设计原则广为人知且不断被重复。优秀的行为层次设计有四个要素,即功能、易理解性、易用性和感受。有时,感受是产生产品内涵的主要原理。

有意思的是,即使对现有产品,设计师也很少观察他们的客户如何使用产品。笔者曾经拜访过一家重要的软件设计公司,同他们的研发团队讨论大家正广泛使用的一款软件。这款软件有很多功能,但还是不能满足笔者每天的日常需要。笔者准备了一份长长的问题清单,都是在日常的工作中碰到的。此外,笔者还调查了对这款软件不满意的其他用户。让笔者大为惊讶的是,当笔者告诉软件研发者这些问题时,他们像是在听天书。"太有趣了。"他们一边说着,一边记下大量的笔记。很高兴他们注意到笔者的问题,但这些看来最基本的要点他们好像头一次听说。难道他们从来没有观察过客户如何使用自己的产品吗?这些研发者——就像所有公司许许多多的设计师一样,埋头于思考着新点子,然后测试着一个又一个的新概念。结果是,他们不断为产品添加新的功能,但从来没有研究过客户对其产品的使用习惯、行为模式和产品使用时可能需要的协助。独立的功能不能有效支持产品的任务和行为,需要花精力在一系列的操作上,才能达到最终目的——也就是真正的需求。良好的行为层次设计的第一步,就是了解顾客如何使用产品。这个软件研发团队连最基本的观察都没有做到。

再来看看汽车设计。诚然,人们很容易关注储物箱的大小或座位能否调节,但是,人们习惯在驾车时喝咖啡和苏打水,所以诸如搁置饮料的杯架等明显的细节是否被仔细考虑过呢?杯架在如今的汽车里已经成了显而易见的必需品,但在过去的汽车设计里并非如此。发明汽车已经大约一个世纪了,但杯架被视为汽车内饰的一部分这个发明不是来自汽车制造商,相反,他们拒绝设置杯架。实际上,是一些小制造商意识到这一需求,从而为他们自己的车设置了杯架,接着发现其他人也有这种需要。之后,各种各样的汽车附件才被生产出来。它们并不太贵,而且很容易安装在车里,譬如可以粘贴的托架、磁力托架以及小布袋托架等。它们中的一些可以粘在车窗上,或放置在仪表盘上,还有的可以放在座位之间的空隙里。因为这些东西越来越流行,汽车制造商才逐渐将其作为汽车的标准配置。现在有了一大堆巧妙的杯架,有些人声称他们只是为了某款车的杯架才买车的。这有什么不可以呢?如果买车只是用来每天通勤和在市区转转,便利和舒适就是司机和乘客最重要的需求。

尽管对杯架的需求如此显而易见，德国的汽车制造商依然排斥它们，他们的解释是，汽车是用来驾驶的，而不是用来坐下喝东西的。德国人一直等到美国市场因为其车内没有杯架而导致汽车销量减少时，才开始重新考虑这个问题。工程师和设计师相信自己不用去观察人们如何使用自己的产品，这是导致诸多不良设计的主要原因。

据在 HLB(Herbst Lazar Bell，国际产品设计咨询公司)工业设计公司工作的员工曾经透露，有一家公司给了他们一份很长的需求列表，要他们据此重新设计他们的地板清洁设备。杯架没在列表上，但或许应该有。当设计师午夜探访清洁工如何清洁商业大楼的地板时，他们发现工人们在操作笨重的清洁机和打蜡机的时候，想喝杯咖啡都很难。结果，设计师增加了杯架。新设计在产品外观和行为上有很大的改善，本能的和行为的设计，已经在市场上取得了成功。杯架对于新设计的成功有多重要呢？或许不多，但恰恰是重视顾客真正需求才能体现出产品的高品质。也许正如 HLB 强调的，产品设计的真正挑战在于"最终了解用户那些未被满足和未明述的需求"。

要如何去发现"未明述的需求"呢？当然不是通过询问，不是通过调查重点人群，也不是通过调查问卷。谁会想到要在车里、梯子上或者清洁机上设置杯架呢？毕竟，就像开车一样，杯架似乎也不是一个在打扫时的必要需求。只有当这样的改进实现之后，大家才相信这种改进需求是显而易见并且是必需的。因为大部分人意识不到自己的真正需求，因此需要在自然的环境里认真观察从而发现他们的需求。经过训练的观察者常常可以指出连体验者本人都没有意识到的困难和解决方法。但是当问题被指出之后，便很容易知道已抓到重点。实际使用这些产品的人的反应常常就是："哦，是的，你说得对，真的太痛苦了。你可以解决吗？那太好了。"

在功能之后是理解。如果你不理解一个产品，你就使用不了它——至少不能很好地用。哦,当然,你可以把基本操作步骤记住,但是你可能要反反复复地去记。如果很好地明白了一项操作,你就会说:"啊,对,我明白了。"此后你便不需要更多解释及提醒了。"只学一次,永不忘怀",应该被奉为设计的箴言。

若缺乏理解,在事情出问题的时候,人们将不知该如何是好——然而事情常常都会出问题。好的理解的秘诀就是建立一个正确的概念模型。《设计心理学》一书中曾指出任何事物都有两三个心理意象。第一个是设计师的意象——可以称为"设计师模型"。第二个是使用这件物品的使用者对于此物的意象,以及操作这件物品时给使用者的意象,可称为"使用者模型"。在理想的环境里,设计者模型与使用者模型是一样的,同时,使用者也因此能理解并很好地使用这件物品。设计师不和使用者沟通,他们只是说明这件产品,人们完全依靠对产品的观察来形成自己的模型——从产品的外观、它如何运作、它提供了什么反馈,或者从可能的一些配套文字资料,例如广告和用户手册(但大多数人都不读用户手册)里。这种基于产品和文字资料形成的意象被称为"系统意象"。

如图 2-12 所示,设计师只能通过一个产品的系统意象来与最后的使用者沟通。因此,一个好的设计师会确保最终设计的系统意象来传达正确的使用者模型。而能够确保这一点的唯一方法就是进行测试:开发一些初步的产品原型,然后观察人们试用的情况。如何才能被称为好的系统意象呢?几乎所有能令其操作显而易见的设计都可以。笔者正在用于打字的这个文字处理工具的标尺和边距设定就是很好的例子。而如图 2-13 所示的座椅调整控制则是另外一个例子。注意这些控制按钮的排列与它们自身的功能是自动对应的,推起下方的座椅控制,座椅就会升高;向前推凸起的按钮,椅背就会向前移动。这是好的概念设计。

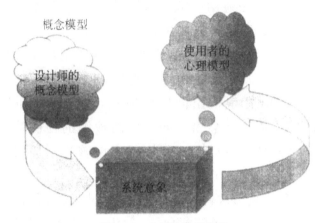

图 2-12 产品的系统意象

要成功地使用一种产品,人们必须具备与设计师(设计师模型)一致的心理模型(使用者模型)。但是,设计师只能通过产品本身与使用者对话,因此,整个沟通过程必须通过"系统意象"进行:由实际产品本身来传达系统意象的信息。

图 2-13 中座椅的控制按钮说明了自身:概念模型由控制按钮的配置提供,按钮的配置看起来就像操作产品的方式。想调整座椅吗? 推、拉、抬起、下压,座椅对应的部位就会相应地移动。

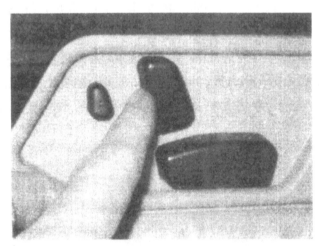

图 2-13 座椅控制按钮——良好的系统意象

使用性是一个产品的关键检验,它在此是孤立的,没有广告或者商业资料的辅助。唯一重要的只在于产品表现得有多好,使用它的人用起来感觉有多舒适。

"来，试试这个。"笔者在拜访艾迪奥（IDEO）工业设计公司时，他们向笔者展示了他们的"科技盒"（Tech Box）——一个装着貌似数不清的小盒子与小抽屉的大箱子，兼混装着各种玩具、布料、手把柄、精巧的机械装置和笔者都说不上名字的物件。笔者盯着这些盒子看，想搞清楚这些东西是用来做什么的，有什么目的。"转转那个手把。"他们一边跟笔者说，一边把一个东西塞到笔者手里。笔者转了一下，感觉很好：顺滑、柔软。笔者又试了另一个手把，感觉不太对，有些位置转到那里后好像没有任何变化。为什么它们会不同呢？他们告诉笔者说是同一种装置，而区别在于前一个加了一种特别的、黏性很强的油。"感觉很重要。"其中一个设计师跟笔者说。而在"科技盒"里还有更多的特性例子：丝滑的布料、超细纤维织料、有黏性的橡皮、可以揉捏的球——多得让笔者不能一下都理解消化。

软件的虚拟世界是认知的世界：它的想法和概念并不通过实际物质来呈现。实际的物体涉及情感世界，即你可以体验到各种东西，不管是某些东西表面带来的舒适感，还是其他东西带来的刺激的不适感。虽然软件和电脑俨然已成为日常生活不可或缺的东西，但是过多依赖电脑屏幕上的那些抽象东西，会剥夺了情感上的愉悦感。幸运的是，很多以电脑为基础的产品设计师已经在恢复真实可触碰的世界里自然情感的愉悦，使用实体控制器的风潮再度回归：调整按钮、音量旋钮、转向或开关的操作杆。太棒了！

构思不佳的行为层次设计可能会带来极大的挫折，导致产品变得性能不稳，不听指挥，无法提供行为的足够反馈，并且变得无法理解，最终把想使用它们的人搞到怕得不行。难怪这种挫折感会爆发为愤怒，让使用者开始踢打、尖叫、咒骂。更糟糕的是，这种挫折感不可理喻，错不在使用者，而在于设计本身。

去户外用品店看看登山者的工具，或者看看那些懂行的徒步者和露营者的帐篷与背囊。或者去饮食业厨具店好好看看，真正的厨师在他们的厨房里用的都是哪些厨具。

　　我发现一件很有趣的事,那就是把面向消费者销售的电子设备和面向专业人士销售的电子设备两者做比较。尽管专业的设备贵很多,但是它们更简单易用。家用录像机上面有很多指示灯、很多按键,还有用来设定时间和设置定时录影的复杂菜单。而专业的录像机只有一些必要的设置,因此更容易使用,功能也不错。这种区别的出现,一部分是由于设计师自己也会用这些专业产品,所以他们知道什么重要,什么不重要。技术工人自己制造的工具也有这个特点。设计徒步或登山设备的设计师,可能有一天会发现自己的性命都取决于自己进行产品设计的质量和行为。

　　在惠普公司成立时,主要产品就是电子工程师用的测试设备。"为坐在下一张工作台前的人作设计"是该公司当年的座右铭,而且也很名副其实。工程师发现惠普的产品用起来很顺心,因为这些产品非常适合在设计或测试工作台前的电子工程师的工作要求。但是如今,同样的理念已经行不通了,这些设备常常被缺乏技术背景,甚至没有技术背景的技工和实地工作人员所使用。在当年设计师亦是使用者的年代里起作用的"下一张工作台"的理念,因为受众的改变而不再行得通。

　　以儿童牙膏包装设计为例。

　　在孩子们的世界中,刷牙从来都没有更多的乐趣。下面是设计师创造的一种牙膏,有一套 6 管醒目的插图描绘的可爱和交互式包装。这样的结构使我们想起了单一服务水果果汁盒包装(图 2-14)。

图 2-14 儿童牙膏包装设计

这个概念不仅是简单的可爱,而且是互动的。管上的插图是用水溶性油墨打印上去的,孩子们可以把插图溶解在水里赋予它们全新的水中动态形象,见图 2-15。

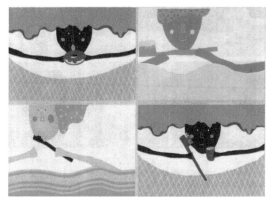

图 2-15 插图可以溶解在水里赋予全新的动态形象

如果牙膏包装设计成这样,孩子们一定会很享受刷牙的过程。

三、反思层次设计

反思水平的设计与物品的意义有关,受到环境、文化、身份、认同等的影响。它比较复杂,变化也较快。这一层次事实上与顾客长期感受有关,需要建立品牌或者产品长期的价值。只有在产品、服务和用户之间建立起情感的纽带,通过互动来影响自我形象、满意度、记忆等，才能形成对品牌的认知，培养对品牌的忠诚度，使品牌成为情感的代表或者载体。

我们现在来看两款手表。第一款是"时间设计"公司的作品（图 2-16），通过不同寻常的方式显示时间，带给人一种愉悦感，但需要先被解释才能领会。这块表虽然秀外慧中，但是最吸引人的地方在于它不同寻常的显示方式。这块手表的时间是否比传统指针表或者数字表更难读懂？没错，不过它拥有优良的基本概念模型，足以满足作者对于良好行为层次设计的标准。它只需解释一次，从此之后，不言自明。这块手表会不会因为只有一个单控键而使设定时间变得很麻烦？是的，的确不方便，但是炫耀这款手表和解释其运作方式所带给使用者的反思的喜悦，远远超出它带来的困难。笔者自己就有一块这样的表，而且那些被笔者折腾过的朋友都知道，笔者一见人就骄傲地给他们讲笔者的手表，哪怕他们只是有一点点兴趣而已。

图 2-16　"时间设计"公司的杰作"派"

（一）聪明的反思层次设计

这块腕表的价值源自它精巧的时间显示方式：快看一下，现在的时间是几点？这块"时间设计"公司（Time by Design）的杰作"派"（Pie）显示的时间是 4 点 22 分 37 秒。该公司的目标是发明更多显示时间的新方式,将"艺术和时间的显示融合在既娱乐又有创意的钟表里"。这块腕表显示的不仅是时间,还有佩戴者的品位。

(二)纯粹行为层次的设计

这款卡西欧"G-Shock"手表属于纯粹行为层次的设计。经济实用但没有美感,而且以反思层次设计的标准来衡量,它的评价和地位都不高。但是,请看看它的行为层次设计:它有两个时区、一个秒表、一个倒数计时器,还有一个闹钟。价格不贵,容易使用而且准确。

现在我们来对比这款反思层次设计的腕表和实用、灵敏的卡西欧塑料电子腕表(图 2-17)。"派"这块表很实用,它注重行为层面设计,但是却没有任何本能或反思层面设计的特征。这是一块工程师的手表:实用、简单明了、多功能,而且价格低廉。它并没有多漂亮——那不是它的卖点。再说了,这块手表没有什么特别的反思式魅力,除非当一个人可以买得起一块更贵的手表,但却通过反向逻辑为拥有这样一块实用手表而骄傲时。

图 2-17　卡西欧"G-Shock"手表

对某件产品的整体印象来自反思——追溯以往的回忆并重新评估。你是满怀热情地在你的同事和朋友面前炫耀你的东西呢？还是把它们藏起来？如果你愿意分享的话,你会只抱怨它们的不足吗？人们常常会把那些令他们引以为傲的物品放在显眼的地方展示,或者至少会拿给别人看。

客户关系在反思层次扮演着重要的角色,它是如此地重要,能维持良好的客户关系,甚至可以完全改变顾客对某件产品原有的负面体验。因此,一家想尽办法去帮助怀有不满情绪的顾客的公司,最后往往可以把这些顾客变成自己最忠实的支持者。确实,购买某件产品时没有任何不愉快经验的顾客,他的满意程度可能比之前有着不愉快经验,但其后在解决问题时得到公司的良好对待的顾客还要低。通过这种方式去赢取客户的忠诚花销不菲,但它展现了反思层次的威力。实际上反思式设计与长期的客户体验有关,它与服务、与个人接触及温馨互动有关。当顾客为决定下一次购买什么产品或向朋友提供建议而回顾这件产品时,一段愉快的记忆将盖过此前任何负面的经验。

在游乐园乘坐缆车是反思和反应之间交互影响的一个好例子。乘坐缆车既吸引那些追求高度刺激感和恐惧感的人,也吸引那些完全为追求之后的反思力量而乘坐的人。在本能层次,所有的重点就在于让乘坐的人心惊胆战,让他们在搭乘过程中受惊吓,但这必须以一种可靠的方式进行。当本能系统正全力运作时,反思系统则发挥一种冷静分析的作用。它告诉身体的其他部分,这是一趟安全的搭乘过程。它只是看起来危险,但实际上是安全的。在搭乘过程中,本能系统在很大程度上会占据上风。然而当记忆变得模糊时,反思系统则会占据上风。这时,曾经的搭乘体验反而变成了一种光荣,它提供了向他人讲述故事的谈资。在这方面,擅长经营之道的游乐园往往会通过向搭乘者售卖他们到达并体验顶峰时所被拍摄的照片,来强化这种互动。他们售卖各种照片和纪念品,让搭乘者可以向他们的朋友炫耀。

如果一座游乐园老旧破败,设施年久失修,栏杆锈迹斑斑,一副毫无生机的样子,你还会乘坐它的缆车吗?显然不会。你在理智上基本是不放心的。一旦反思系统无法起作用,吸引力也就不复存在了。

（三）案例研究：全美足球联赛专用耳机

"你知道这项设计中最困难的部分是什么吗？"HLB 设计公司的沃尔特·赫伯斯特（Walter Herbst）自豪地把这个摩托罗拉（Motorola）的耳机（图 2-18）展示给观众看的时候，向观众问道。

"可靠性？"观众迟疑地回答，想着它看起来又大又坚固，它一定是可靠的。

"不是，"他回答道，"是教练——它使教练戴着它时感觉舒适。"

摩托罗拉曾委托 HLB 公司设计供全美足球联赛教练使用的耳机。请注意，这些可不是普通的耳机，它们必须是功能强大的，能够在教练和散布在运动场上各角落的队员之间清晰地传递信息。麦克风的支臂必须是活动的，这样才可以把它安放在脑袋上的任何一侧，使得惯用左手和惯用右手的教练都能使用。

该款耳机的使用环境很恶劣，往往非常嘈杂。足球赛事常常在极端的天气下进行，从酷热到雨天甚至严寒都有可能。而且，耳机难免会遭到蹂躏：愤怒的足球教练把自己的挫败感发泄到手边的物品上，有时候他们会抓起麦克风的支臂然后把它扔到地上。此外，耳机中传递的信号必须是私密的，不能让对方队员偷听到。此外，耳机还是一个重要的广告标志，它能把摩托罗拉公司的名字展现给广大电视观众，所以，无论摄像机从哪个角度拍摄，都必须能清晰地拍到它的商标。最后，它必须让教练们感觉满意，让他们愿意使用它。所以，该耳机不仅必须能够经得起比赛的严峻考验，而且还能让人连续佩戴几个小时都感觉舒适。

耳机的设计是一项挑战。尽管小巧轻便的耳机比较舒服，但是不够坚固。更重要的是，教练可能拒绝使用。教练是一支活跃的大型团队的领导，而足球运动员则是团体运动中最大型、最强壮的运动队伍之一。因此，耳机必须要强化这一形象：它本身必须是壮实的，这样才能展现教练掌控全局的形象。

因此，没错，设计必须具有本能层次的吸引力；而且，它必须能够满足行为层次的目的。然而,最大的挑战则是在做到这一切的同时,还要让教练满意,并且能够彰显他们作为受过严格训练的强大领导者英勇果断的自我形象,教练管理着世界上最顽强的运动员,一切均在他们掌握之中。简而言之,这就是反思层次的设计。

要完成这一切必须做好大量的工作。这并不是在餐巾纸上潦草画出的设计(尽管事实上许多尝试性的设计都是在餐巾纸上完成的),先进的电脑辅助绘图工具让设计师在实物制造出来之前,就能全方位地将耳机外观视觉化,将耳机和麦克风的交互作用、头带的宽松调整,甚至商标的位置(将电视观众对其可见度提至最大化,同时将教练对其可见度降至最小化,从而避免分心)做到最优化。

"这款教练耳机设计的主要目标,"HLB 公司的项目经理斯蒂夫・雷米(Steve Remv)表示,"是为这个常常被忽略为背景物的产品,创作一个令人耳目一新的形象,并且把它变成一个塑造形象的产品,使其能在高度剧烈、动感十足的职业足球比赛中也能成功吸引观众的眼球。"它做到了。结果制造出米的是一件"很酷"的产品,它不仅性能优良,而且充当了摩托罗拉公司的有效广告工具,并提升了教练的自我形象。这是设计的三个不同的层次彼此良好配合的绝佳例子。

图 2-18 摩托罗拉公司为全美足球联赛教练设计的耳机

这款耳机由 HLB 工业设计公司设计,曾获得《商业周刊》及美国工业设计协会(IDSA)联合颁发的工业设计优秀奖皇奖。美国工业设计协会如此描述它的获奖原因:"一个设计团队能够意识到他们拥有创造出一种形象的机会——一个将为世界上的数百万人瞩目的机会,这是相当罕见的。摩托罗拉 NFL 耳机代表的是,一个糅合了高度发展的通信技术和挥洒在球场上的热血、汗水和泪水的伟大设计。此外,它强化了摩托罗拉公司为满足各领域的竞技场上专业用户的严格要求而努力付出的形象认知。"

(四)另辟蹊径的设计

对于初次光临的顾客而言,走进位于联合广场(Union Square)西区的迪赛(Diesel)牛仔裤专卖店,感觉就像贸然闯进了一场瑞舞(Rave)舞会。重磅的铁诺克(Techno)音乐撼人心魄,电视屏幕上播放着让人费解的日本拳击比赛录像带。店里没有明确标示男女装部的指示牌,也难以分辨哪些人是店员。

然而,大型服装卖场,如香蕉共和国(Banana Republic)和盖普(GAP)等店面,往往都是标准的装潢和简约的布局,尽量让顾客们感觉舒适自在。迪赛的做法则是建立在非传统的基础上,他们认为最好的顾客就是那些晕头转向的顾客。

"我们很清楚地知道我们的店面环境让人感觉有压迫感这一事实,"迪赛零售运作总监尼尔·马希尔(Niall Maher)说道,"我们之所以没有把店面设计成顾客友好型环境,是因为我们希望你能跟我们的店员进行互动。不开口和别人交谈,你就无法理解迪赛。"

确实,当潜在的迪赛顾客遇到某种程度上的购物眩晕时,正是打扮入时的店员展开攻势的最佳时机。衣着光鲜亮丽的销售员解救了(或者折磨,依个人观点而定)倔强沉默的顾客。

——沃伦·圣约翰,《纽约时报》

对于人性化设计的实践者而言,服务顾客就意味着使他们从挫败、困扰和无助感中获得解脱,让他们感觉一切尽在掌握并且有能力做得到。对于聪明的销售员来说,情况刚好相反。如果人们不知道他们真正想要的是什么，那么什么才是满足他们需求的最佳方式呢？以人性化设计的例子来说，就是向他们提供自我探索的工具，让他们试试这个，试试那个，同时也使他们能凭一己之力获取成果。对于销售员来说，这是一个展现他们作为"衣着光鲜"的救助者形象的大好机会，时刻准备着向顾客提供帮助，同时引导顾客相信这正是他们一直在找寻的那个答案。

在整个时尚界——包括由服饰到餐厅、由汽车到家具的各个领域——谁能说哪个选择是正确的，哪个选择是错误的呢？解决这个困惑的方案纯粹只是玩弄感情的把戏，向作为顾客的你推销一个观念，即他们推介的产品正好能满足你的需要；而且，更重要的是，向世界上的其他人广而告之地宣布，你是一个多么高尚、有品位而且"紧跟潮流"的人。如果你相信这一套的话，很可能这笔买卖就能成交了，因为强烈的感情依附为自我实现的预言提供了机制。

因此，话说回来，什么选择才是正确的？是盖普和香蕉共和国这类"标准化装潢和简约摆设，力求令顾客感觉舒适自在"的店铺，还是迪赛这类故意迷惑胁迫，为让顾客准备迎接他们乐于助人、令人安心的销售员而大肆铺垫的店铺？

总的来说，这些店铺满足了不同的需求。相比之下，前两家店铺是实用主义者（尽管这个说法可能让他们感到不寒而栗）；后一家店铺则是纯粹的时尚主义者，它的唯一目标就是关注别人在想什么。

"当你身穿一套价值上千美元的套装时，"超级销售员莫特·史匹凡斯（Mort Spivas）这样对媒体评论员道格拉斯·洛西科夫（Douglass Rush-koff）说道，"你会流露出与众不同的气质。于是，人们会以不同的方式对待你，你因此自信心大增。如果你感觉到自信，你的举止也就会自信起来"。如果销售员觉得身穿昂贵套装能使他们与众不同，那就真的能使他们与众不同。就时尚而言，情感是关键。操纵情感的店铺实际上玩的是顾客自行邀请自己加入的那个游戏而已。当今的时尚界也许已经颇不恰当地给饥渴的普罗大众洗了脑,让大家相信这个游戏是有价值的,虽然如此,但这就是它的信念。

以扰乱购物者作为一种销售手段,根本就不是什么新闻。很久以前,超市就懂得把人们最常要购买的产品摆放在店内的最里面,从而迫使顾客经过一堆堆诱使他们冲动购买的产品才能走到超市的最里面。一旦顾客开始熟悉商店或货架的陈列方式,那么就是商店该重新布置陈列的时候了,这样才能继续推行这一套营销哲学。否则,想要购买一听罐头汤的顾客,就会径直走到摆放罐头汤的货架,而不会留意到任何其他意图引诱他们购买的商品。重新布置商店的陈列可以迫使顾客去他们之前没有到过的通道区域。

当运用这些策略时,最重要的就是不能让消费者注意到。要使商店的布局看起来没有什么异样,当然,还要让分不清方向成为乐趣的一部分。迪赛的迷惑策略能取得成功,是因为他们正是以此闻名,因为他们的服饰广受欢迎,同时也因为在其店内徘徊也是购物体验的一部分,但这套营销哲学用于五金店就显然行不通。在超市里,牛奶或啤酒被摆放在店内最里面的地方,这看起来并没有什么不妥,反而相当自然。毕竟,存放这些产品的冷藏柜是放在最里面的。当然,从来没有人问起真正的问题:为什么冷藏柜要放在那里?

一旦顾客意识到他们被店家以这种方式操弄了,形势就可能出现大反弹:他们会舍弃这些操弄人的商店,而改为光顾那些让他们感觉更舒适自在的商店。试图通过迷惑顾客来盈利的商店,往往可以享受到销售额和人气的极速上涨,但同样也可能遭遇极速下滑。稳重传统且为顾客提供帮助的商店则相对更加稳定,在人气方面不会经历太大的起落。没错,购物可以是一种感性的情感体验,但同时也可以是一种负面的受创经历。但是,当商店行事正当时,当他们懂得"购物学"并运用帕克·安德希尔(Paco Underhill)的著作(Why We Buy:The Science of Shopping)的副标题时,购物既可以是消费者正面的情感体验,也可以是店家有利可图的销售行为。

(五)团体成员设计 VS 个人设计

尽管反思性思考是伟大的文学和艺术作品、电影和音乐、网站和产品的精髓所在,但它并不是引起知识分子兴趣的成功保证。许多获得高度赞赏的严肃艺术和音乐作品,对于普罗大众而言都甚难理解。我怀疑甚至那些对它们大加赞赏的人也觉得难以理解,因为在文学、艺术和专业批评这些高雅的领域中,似乎如果某件作品轻易就能被理解的话,它就会被视为存在缺陷;而如果某件作品是令人难以参透的,那它就肯定是佳作。某些传达出微妙、隐含的知识分子气息的作品,它们可能不为一般观众或使用者所熟知,除了它们的创作者和大学校园里毕恭毕敬地听着教授的评价讲解的学生之外,也不为其他任何人所知。

回想一下弗里茨·朗(Fritz Lang)的经典电影《大都会》(Metropolis)的命运,"一部有关孝顺反抗、浪漫爱情、异化劳工和去人性化特技的野心勃勃并且耗资巨大的科幻默片"。这部电影于1926年在柏林首映,但是美国电影发行商派拉蒙电影公司(Paramount Films)却抱怨它的艰深晦涩。他们聘请了剧作家詹宁·布鲁克(Channing Pollock)来改编这部电影。布鲁克抱怨说:"象征主义运用泛滥,以致观看电影的观众根本不清楚这部电影在讲述什么。不管你是否同意布鲁克的批判,太多的知性主义确实会妨碍愉悦和乐趣的产生,这是毫无疑问的。(当然,以下是题外话:严肃的论文、电影或艺术作品的目的在于教育和宣扬,而非娱乐。)

普通观众的喜好与知识和艺术界人士的需求之间,存在着根本的冲突。这种情况对于电影来说最为突出,而且对于所有的设计和严肃音乐、艺术、文学、戏剧及电视节目也都适用。

制作电影是一个复杂的过程。成百上千的人参与到整个制作过程中,制片人、导演、编剧、摄影师、剪辑师、片场监制,都对最终的电影成品有着合法的发言权。艺术的完整性、具有凝聚力的主题法以及深层次的东西都甚少来自团队。最好的设计始终遵循有凝聚力的主题，同时具有明确的视觉和重点。通常，这样的设计由个人的想象力推动。

也许你会认为作者在驳斥自己提出的一项标准设计原则：测试然后重新设计。作者一直倡导人性化设计，即根据潜在用户的使用测试结果，不断地对一个产品进行修正。这是一个经过时间验证、行之有效的方法，以此方法制造出来的最终产品能满足最广大用户群体的需要。为什么，对最终产品有一个清晰概念并保证按此概念进行产品开发的单个设计师，会胜于"设计、测试然后重新设计"这套审慎的设计流程呢？

交互式、以人为本的方法，对于行为层次的设计相当有效，但对于本能或反思层次的设计却未必适用。对于后两者而言，交互式的方法是通过妥协、团体成员和达到共识设计出来的。这种方法能保证结果的安全性和有效性，但却难免呆板无趣。

电影制作中就经常发生这种情况。电影监制常常根据银幕测试反应对电影进行修改，即向测试观众播放一部影片，并以他们的反响为基准进行修改。结果，某些场景被删除了，故事的主线也发生了变化。为了迎合观众的口味，电影的结局常常被修改。凡此种种都是为了提高电影的卖座率和票房收入。然而问题是，导演、摄影师和编剧会觉得这些修改破坏了电影原本的灵魂。应该相信谁呢？

电影的评价标准众多。一方面，即使一部"低成本"的电影也需要耗资数百万美元制作，而一部高成本的电影则可能耗资上亿美元。电影既可以是一项重要的商业投资，也可以是一项艺术创作。

商业与艺术或文学之间的争论是现实而适切的。最后的结论是，想要成为一名只专心于创作、丝毫不考虑赢利因素的艺术家，还是想要成为一名商人，为了吸引尽可能多的观众而对其电影或作品不断进行修改，甚至不惜牺牲它的艺术价值作为代价。想要一部大受欢迎、吸引众多观众的电影吗？那就向测试观众播放该片,然后对它进行修改吧。想要一部艺术杰作吗？那就聘请一个你信赖的创意团队吧。

麻省理工学院媒体实验室(MIT Media Laboratory)的一位研究科学家亨利·利伯曼(Henry Lieberman)已经针对"团体成员设计"提出了非常有力的反对观点。因此,在此简要地引述一下他的话:

杰出的概念艺术家维他利·科马(Vitaly Komar)和亚历克斯·梅拉米德曾在人群中进行过一项调查。调查的问题包括:你最喜欢的颜色是什么？你喜欢风景画还是人物画？然后他们举办了完全"以用户为中心的艺术"展览,但结果却令人非常懊恼。那批作品完全缺乏创新或精湛的工艺技巧,甚至为那批接受问卷调查的人所厌恶。优秀的艺术作品并不是多维空间中的某个最佳点。当然,这是他们的观点。"完全以用户为中心的设计"同样也会遭到摒弃,因为它缺乏艺术性。

有一件事情是可以肯定的,那就是这种争辩是必然存在的:只要艺术、音乐和表演的创作者与那些必须花钱把它们推向世界各地的人不是同一批人,这种争辩就会一直持续下去。如果你想要一个成功的产品,那就测试并对其进行修改吧。如果你想要一个伟大的产品,一个可以改变世界的产品,那就让一个有着清晰洞察力的人来推动它吧。后者需要承担更大的财务风险,但这是成就伟大作品的必经之路。

以 Coca-Cola 2nd Lives 为例。

为了鼓励人们重新利用废物,2014 年,可口可乐公司联合奥美公司在泰国和印度尼西亚发起了一项名为"Coca-Cola 2nd Lives"的活动。在该活动中,可口可乐免费为人们提供 40 万个 16 种功能不同的瓶盖,只需拧到旧可乐瓶子上,就可以把瓶子变成水枪、笔刷、照明灯、转笔刀等工具,可谓名副其实地变废为宝。这种功能性和趣味性也使可口可乐的品牌形象更加深入人心,见图 2-19。

图 2-19　Coca-Cola 2nd Lives

第二节　视觉传达设计的要素组成

一、形态

（一）点

　　尽管点在几何学中是没有方向的,但是在造型设计中,点不仅有大小、形状、位置,还有浓淡、聚散、虚实的差别。在视觉上,点给人一种收缩感和中心感。运用到视觉传达设计中,画面中的点给人强烈的动感,并因画面协调而产生的虚实对比而形成一种空灵的感觉。此外,点在画面中可以构成视觉中心,这对于提高整个画面的视觉效果很有帮助,因此,在商标、海报等视觉传达设计中,合理地运用点可以起到振奋和激发人的视觉心理的作用,丰富立面造型,打破视觉的单一感,引起人们的审美趣味共鸣,传达出作者的设计理念。

(二)线

线条在视觉传达设计中是作为一种不可或缺的手段而存在的。由于线条在形态轮廓上能够给人一种直接、灵活、准确的审美感觉,因而设计师和艺术家们都非常热衷于用线条来表现审美情趣和情感意味,并致力于将其上升到有关民族心理的高级层面。

(三)面

一般来说,面是一种具有充实、稳定和重量感觉的视觉形式,它是由密集或扩大的点,或者是运动的线组成的。面的形态有很多,它们各具内涵语意。有的面给人以明朗、秩序、简洁的感觉,有的却让人感觉单调或呆板;有的面看起来比较随意,有的面却给人一种象征秩序的美感。设计师对不同形态的面的选择的依据就是不同受众的不同心理感受,因此,设计创作的表现是深受受众情感的影响的。

二、造型

在设计造型中,情感一般涉及作品本身和设计要素两个方面。设计要素方面,比如三角形给人以稳定、安全的感觉,这就是设计要素组合时的尺度和比例等形成的结构情感特征;设计作品方面,比如可口可乐的曲线瓶装设计,给人一种时尚、灵活的感觉,这就是设计作品造型的独特设计感所形成的情感特点。视觉传达设计的受众对于设计作品的造型的独特设计感是很有追求的,一般来说,那些造型独特的设计作品是比较受欢迎的,因为它们不仅体现出设计师的理念,也能够彰显出自己的个性,并能够产生愉悦和舒适的感觉。

三、色彩

在日常生活中,人的视觉对于颜色是十分敏感的,所以对于色彩有着十分强烈和直接的审美感受。作为视觉审美的核心,色彩包含了理性和感情的双重因素,并且能够表现情感,因此感知颜色对于人类的重要意义在于可以深刻影响人们的情绪状态。色彩的明度、暗度、色相的变化,以及其冷暖、虚实、大小的不同呈现,都能够对人产生不同的情感效应。由于不同文化背景下的人们的色彩语言是不同的,因而色彩所产生的情感回应也是不同的。人们会根据自己的审美和喜好进行创造发挥,赋予色彩更多、更鲜明的情感。

四、材质

设计载体的物质基础是材质,材质不仅本身具有一定的功能特性,还具有一定的情感语义,人们通过与之相对应的心理感受来获取或传达情感信息,因此,材质是具有很大的感染力的。每个设计作品不仅具有实用功能,还能够在心灵上给人以震撼,在情感上带给人们以联想。比如,石头、木质等给人以怀旧、传统、古典的感觉,玻璃、钢铁等给人以简约、冷漠的感觉,它们应用到视觉传达设计中,就会分别产生古朴典雅和时尚现代的情感。

五、肌理

肌理是指物体表面的纹理,是包括干湿、软硬等在内的每个作为物质存在的物品本身都具有的特性。不同的肌理所体现出来的物体形态也是不同的,因而物体所呈现出来的视觉画面的立体感和层次感也是有所差异的。由于肌理对于增加视觉形式的美感十分有利,因此,肌理所包含的象征语义经常被用来增强视觉传达的悦目性,以传达画面带给人的情感。

从观察的角度和形成两个方面来看,肌理有自然肌理和创造肌理、视觉肌理和触觉肌理之分。它们在让受众体验到情感、满足愉悦感和视觉新鲜感等方面都能够各显神通。

六、时空

时间和空间是独立于二维之外的另外一个维度的概念,它们是能够变动的,因此,在接受和传递信息的过程中,受众非常容易接受和传达情感。抓住这个特点,视觉传达设计就能够利用时间和空间元素取得独特的创作效果。尽管空间概念在现代设计中经常被用来强调建筑、环境设计领域,但是在视觉传达设计中,它也是经常被提起的。除了真实的三维空间体积的体验,平面设计中对于空间的运用经常会体现在利用人的视觉误差来构建空间感,虽然这种空间是虚拟的,但是这种对于多维度空间和时间的视觉体验的运用对于以平面印刷为媒介的传统视觉传达设计而言是一个极大的突破,因此而带来的受众的互动性和情感体验也是前所未有的。

七、文化

不同的个体有着不同的审美情趣,这是因为每个人的生活经验、成长环境和艺术素养存在差异。经过漫长的历史积淀,每个民族和地区的人民的情感需求都会逐渐形成特有的心理定式和情感趋向,审美趣味就是在此基础上形成的。因此,设计师在进行视觉传达设计之前,需要对受众的文化背景进行深刻的研究,理解并尊重不同地区不同民族的文化背景和情感的差异性,设计出既能够体现设计师自己的思想情感,又能够体现出受众民族文化精髓的具有独特感性意象的作品。

第三章　视觉设计中的字体设计原理与创意表现

文字要素作为现代视觉传达的重要组成部分,具有一定的语义功能,作为人们进行交流与沟通的符号,已经远远超出以往传意的功能,具有了可视性与观赏性。现代社会信息的高密度、高速度,使人们处于林林总总的符号体系中,如何使文字具有有效的传达功能,引起人们的注意,感染我们的情绪,引发我们的联想,准确地把握主题是视觉传达设计中的重要功能。

第一节　字体与字体设计概述

一、文字的类型

虽然早期人们用来记事的方式大致相同,大体都经历过结绳记事和图画文字这样的阶段。但是由于地域、生活环境、文化发展的不同,文字也形成了不同的形体。

(一)汉字

汉字源于图画,所以在甲骨文中以象形文字为主,而这些象形文字又成了构字的字根,形成汉字的主要构字方式——形声和会意,同时也确立了汉字特有的方块形体,使方块字成为中华文字的象征。

（二）拉丁文字

拉丁文字是以拉丁字母为主要元素构成的文字的统称，它包括英语、法语、意大利语等欧美语言文字。拉丁文字体系由 26 个结构简单、均匀的字母组成，便于构词和连写，又被称为线性文字。

二、文字的功能

（一）信息交流与传播

文字的出现是为了解决人们之间交流的问题，从最早的象形文字到现代简化文字的形成，使人与人之间的交流顺畅、方便，超越了时间与空间的限制。

通过文字，可以表达出内心复杂的情感，自然的美妙、科技的先进等。我们如今看到的书籍、网站，都是靠文字的编排将需要传达的信息有效、迅速地传递给受众，文字具有易读易懂的特性，它能够从根本上准确、有效地将信息传递出去。

（二）文化象征与传承

文字是知识的载体，不同地域、国家都有属于自己的文字，人类经过几千年的进步与发展，文字已经成了各个国家、民族或者宗教等特有的文化、性格，它代表着一个国家的文化传承与象征。例如：汉字代表着华夏文明，阿拉伯文字代表着伊斯兰文化，等等。

（三）形象符号与视觉吸引

现在的文字不仅仅是一种交流的方式，也可以是现代商业中的形象宣传，如同标志一样，代表着一个企业的形象和认知度。一个好的文字宣传可以作为品牌宣传的形象符号，文字稍加设计便可以烘托出主题,以个性醒目的形象展现在人们的眼前,在记住文字的同时也会增加对品牌的认知度。

如图 3-1 和图 3-2 都是品牌的标志,都是以文字为主体设计出来的。当我们谈起这些品牌时,便会呈现出明确的文字形象,这就是文字的魅力所在。另外,在英文字母中,除了每个字母自身代表的意思外,越来越多的设计者将其以形象的象征意义和强烈的视觉效果展现在人们的眼前,从而吸引公众对品牌的认知度,尤其是我们熟知的麦当劳,简单醒目的"M"让人印象深刻。

图 3-1　麦当劳 logo

图 3-2　必胜客 logo

三、字体设计

字体设计可以理解为文字的设计,意为对文字按视觉设计规律加以整体的精心安排。从造型角度理解,文字的外在形态结构便是字体,因此在漫长的历史中任何一种语系的文字都经历了字体的演变,而在任何一个时期中都有关于字体的艺术创造和设计活动。

字体设计存在于我们日常的各个角落,字体设计广泛应用于标志设计、商品包装设计、海报设计、书籍装帧设计、网页设计、展示设计、动漫设计等领域。只要稍加留意就会发现字体设计已经融入了我们生活的很多细节,在这些领域中字体设计都起着举足轻重的作用(图 3-3、图 3-4)。

图 3-3　海报设计　　　　图 3-4　包装设计

第二节　字体的演变与字体结构特点解析

一、文字的演变历史

在文字形成与发展的历史进程中,先后形成了两大分支:一个是以原始字符的视觉特征为基础,形成以汉字为主体的"象形文字体系";另一个则是从原始字符中抽象出一些基本字符,以其听觉特征为基础,规范其读音与拼写规则,形成了以拉丁字母等为主体的"拼音文字体系"。

(一)中文汉字体系的演变历史

1.早期的刻画

早期的中国汉字是用十分简单的工具直接进行描绘,其载体多取材于自然,如洞窟石壁、龟甲兽骨、金石竹木或丝绸锦帛等。汉字在早期演进的基础上,历经刻画文字、陶文、甲骨文、金文、篆文等。文字在其发生、发展、形成的过程中,因刻画或书写的工具、材料、方式、审美及社会文化形成的不同因素,而在各个不同的历史时期形成了各具特色的书写形态(图3-5)。

贝纹	甲骨文"贝"	金文"贝"
象纹	甲骨文"象"	金文"象"
鱼纹	甲骨文"鱼"	金文"鱼"

图3-5　文字的演变

距今已有六七千年历史的新石器时代的彩陶文化,其表面的刻画符号寓意丰富,形象生动(图3-6)。简明抽象的造型以及红、黄、黑、褐、白等概括的色彩更使器物光彩照人。这一时期的刻画符号多数是以简单的视觉语言、稚拙夸张的表现手法来描绘自然形象,这些早期的象形图符是人类在原始落后的生产生活环境中创造的一种具有审美价值的文字性质符号,既是我国文字的起源,也是对后世文字形态发展的启蒙。

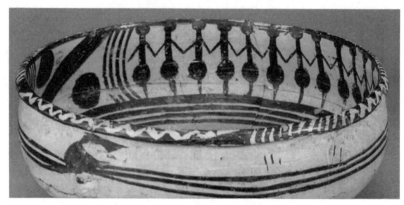

图 3-6 彩陶上的符号

在殷商甲骨、商周金文中仍保留了不少图符与文字并存的实例,更保留了原始文化充满稚气的艺术特征。

出现于公元前 1400 年至公元前 1100 年(商朝后期)的甲骨文,是殷商时期用于记录占卜、祭祀等活动的文字。甲骨是中国先民的一种重要刻划材料,甲是龟甲,骨是兽骨。刻在这些龟甲和兽骨上的文字,称为甲骨文。甲骨文是我国现存最古老的一种汉字形式,初步具备了汉字的基本构造特征,以象形为基础,由刀刻的划痕形成峻瘦犀利的笔道,显露出朴拙的情趣,是一种相对成熟的古文字体系。

青铜器的出现是中国历史上具有划时代意义的标志之一。青铜器作为建邦立国的"重器",成为最高权威统治权力的标志与象征,一般贵族凡有重要文件需要长期保存或有重大事件需要永久留念的,就会铸造一件青铜器物,将事件文字范铸记载于其上,留给后世子孙永久保存,铸造在青铜器上面的文字称为铭文①。

---

① 青铜器铭文(也称"金文"或"钟鼎文"等)是指铸刻在青铜器上的文字。

铭文是先秦书法的主要内容。早期的铭文,在笔画形态与字体结构方面都与甲骨文相似,从西周昭王以后呈现为笔画圆匀、结体平正,逐渐形成了方中藏圆、圆中见方、方圆结合的基本视觉特征,且通篇纵成纤、横有列(图 3-7)。

图 3-7　铭文

春秋战国时期,秦文字继承西周金文的特点,在石头上进行文字的刻写,形成了字体风格雄强浑厚、朴素自然,用笔圆劲挺拔、圆中见方的石鼓文。春秋战国年代是一个充满变革的历史年代,思想上百家争鸣,书法上更是诞生了诸如兵器文字、货币文字、古玺文等字体,其中"鸟虫书"更是成为青铜器铭文发展的结晶。从私印中我们可以看到这类富有装饰性文字的印文,其笔画变为形似虫、鸟、鱼、龙的曲折蜿蜒形态,这种文字产生于春秋战国而流行于秦汉。"鸟虫书"字体是一种经过美化的字体,其结构、笔画都有着独特的美感。

如图 3-8 所示为汉玺,玉制覆斗钮。藏于湖南省长沙市博物馆。篆字中线条的交化及空

图 3-8　汉玺

间的布局既体现了方寸之内字体的摆布,又体现了结构、笔画所具有的独特装饰性美感。

2.书写的兴起与发展

秦始皇统一六国后,经李斯等人的收集整理和简化,以小篆作为统一的官方规范字体。小篆的字体线条更加均匀平和,具有繁复描绘性的象形形式逐渐为简练生动的线条所取代而走向形声的形式。字形开始以垂直规则的外形呈现,趋向方正整齐。秦国在原先大篆的基础上对笔画进行删繁就简的处理,创造了小篆字体。其笔画细而匀称,更加规范化,字形基本呈长方形,左右结构对称,形体整齐协调,显得俊秀挺拔。例如《篆书崔子玉座右铭》(图 3-9),小篆书体,清代吴让之书。此位书法家的篆书,融合了汉代篆书的特点,用笔方圆兼备,较之秦代篆书更为灵活多变,笔画线条婉转流动又不失刚劲飘逸,字体结构瘦长、舒展。

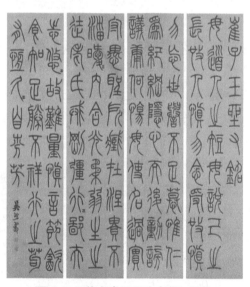

图 3-9 《篆书崔子玉座右铭》局部

在小篆作为正规字体运用的同时,发端于公元前 309 年至公元前 111 年的"秦隶"因其比篆书在刀刻和书写上更为便捷和实用,因此很快得到普及。隶书成为古代汉字向现代汉字过渡的字体,并由此开启了用毛笔书写的时代。秦代的隶书是还未成熟的隶书,融篆隶于一体,史称"古隶"。到了公元前 206 年至公元 220 年的西汉时期,隶书已逐渐发展成熟,将篆书圆匀的笔画方正平直化,具有"结构体方,线划有圭角"的视觉特点,尤其撇和捺两种笔画具有向左右两边分散展开的形态。汉隶字体的特点与同时期的图案装饰风格呈现出一致的趋势,汉代图案造型古朴饱满,生动有趣,笔致与造型兼顾,造型讲求笔致和气韵,显得圭角毕露、横平竖直、格局整齐。如图 3-10 所示,中国汉代居廷汉简,隶书字体将篆书圆匀的笔画方正平直化,具有"结构体方,线划有圭角"的特征。

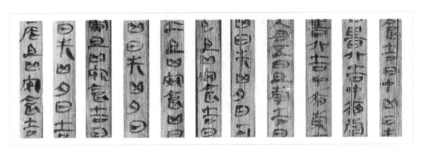

图 3-10　秦隶

汉隶在形体上奠定了今天方块汉字的基础,同时也孕育了楷书、行书与草书三种重要的书法字体。完成这一汉字书体演变过程的魏晋南北朝时期,佛教的兴起为政局的稳定、经济的复苏和装饰艺术风格的形成带来了新的契机。寺院建筑上的石刻图案、洞窟中精美完整的佛像和浮雕彩绘装饰都具有明显的艺术特征。此时的书法字体更加富于变化,讲究行气连贯、运笔流畅。造型艺术亦趋向于借笔墨表情达意的趣味及转折多变的风格。楷书的横、捺笔画取代了隶书的蚕头燕尾,行书的章法布局更为浑然一体,草书将书法艺术升华到抽象境界以表达书法家的思想情感,用笔顿挫流转、刚柔变化,兼具音乐的旋律、诗的情怀与笔墨情趣,达到了极高的艺术境界。

图 3-11 为《柳公权玄秘塔碑》(宋拓本局部),唐代书法家柳公权楷书字体,具有清刚雄健的风格,清劲挺拔的笔画富有阳刚之美,深受世人喜爱。

图 3-12 为《欧阳询千字文墨迹》(局部),唐代书法家欧阳询行书字体,结字颀长娟秀,点画勾耀,严谨有致,将个别的点画加以

夸张,张弛有度,收放自如。

图 3-11 《柳公权玄秘塔碑》(宋拓本局部)

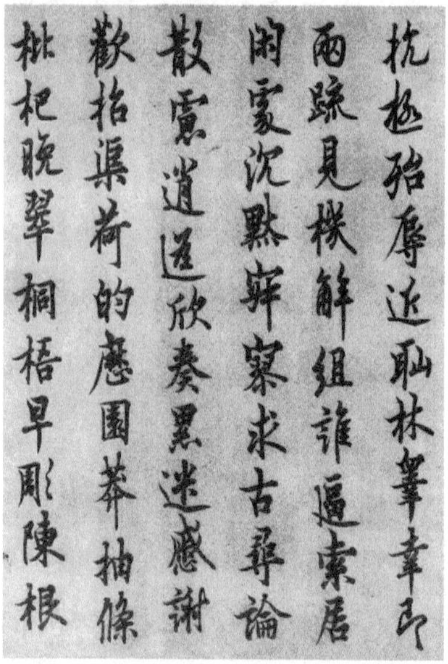

图 3-12 《欧阳询千字文墨迹》(局部)

汉字发展到隋唐时代,字形结构等因素已经基本稳定,以楷书通行于世,并已进行过规范化的统一,由此增强了汉字用于雕版印刷的通识性,使其易认、易写、易印。

　　进入 20 世纪,科学技术飞速发展,印刷字体在技术与设计等方面都有着长足进步。几百年前诞生的宋体字虽然沿用至今,但随着时代变迁,人们的审美与社会的传播都出现了巨大差异,设计人员在现代设计观念的指导下,借助现代技术与设备对宋体字及其他字体不断进行改善,逐渐形成了具有鲜明特征的汉字印刷系统。

　　民国时期虽然动乱不安,但在艺术和设计上创造与发展了很多新的文化(图 3-13),大量的西方广告学开始进入中国,和本土原有的文化结合,使得字体设计的手法更偏向图形化、几何化、绘画化。这是个让中国广告从传统走向现代的转折时期。西方的各种艺术流派纷纷进入中国,使得这个时期的设计西洋化和本土化相互结合、相互补充、相互参照。

图 3-13　民国美术字

　　新中国时期,劳动人民的地位空前提高,同时受政治文化的影响,出现了各类运用于"政治宣传""标语口号""书籍画报"的经过设计的文字,因为它们没有完整的一套字形而是根据不同的内容进行专门的设计,所以称它为"美术字"比较恰当(图 3-14)。

　　美术字根据字形的风格大致可分为"黑体""宋体"等,新中国时期的美术字具有鲜明的时代特点,它有力、醒目,有着强烈的渗透力和感染力,同时它也有单一、乏味,缺少创意和个性的缺点。

图 3-14　新中国美术字体

　　现代的书写字设计和书法相似但又有所不同。书法是艺术家以自己独特风格呈现,个性鲜明、风格稳定。书写字主要是设计师根据品牌特点定位书写。它兼顾书法艺术和商业美术的共同特点,书写字自由奔放,笔墨酣畅,它能表达出印刷字体无法表达的精神和气势,字体中能够流露出人文情怀的气息,让人感受到文化的内涵。并且书写字变化丰富,形式多样,相对笔画统一规整的印刷体,书写字更能给人耳目一新、优雅流畅的节奏美感。书写字被广泛应用在包装中,一些品牌也会用书写字做 logo(图 3-15、图 3-16)。

图 3-15　鱼头泡饼 logo 设计	**图 3-16　苏州大码头 logo 设计**

　　总体来看,中国的文字最早是以象形来记录生活、描述世界的,同时,这些形象化的图符又蕴藏着原始人类最初的思想意识。

象形文字在其后漫长的历史发展过程中逐渐形成了独立的书法艺术,其字体结构、骨法用笔等都成为汉字造型语言的发展基础。随着字体形态远离象形而成为独立的书法艺术,其书写工具、用笔形式等与中国的绘画渐渐趋于一致,在笔法、笔致、神韵等审美要求上与中国古代图形艺术的发展相辅相成。这再一次体现出中国古代艺术"书画同源"的关系。

3.印刷的出现及字体的发展

书法艺术作为书写字体的发展方向,以表达个人思想情感和审美情趣为主要目的;而同时,为了更好地进行信息的大众传播,印刷字体逐渐沿着另一个方向发端发展。

中国古代的石刻文字以及战国时期出现的印章,都为后世印刷技术的发展奠定了基础。

印章起源于新石器时期的印纹陶器,在制作印纹陶器的过程中,古人通过压印方法在未干的陶胚表面压印上带有纹样的印模,所取得的纹样具有凹凸不平的触感,这可以被看作最早的利用"印"这一方式进行装饰的例证。战国时期就已经出现印章,印章中的阴刻与阳刻会形成字与底截然相反的两种效果。印章的刻印形式与捶拓技术成为后世雕版印刷技术的先驱。

春秋时期已经有石刻文字的记载,到秦汉时期则更为盛行。如图3-17所示为战国时期铜印《牢阳司寇》,其阳刻的刻印形式与后世雕版活字印刷技术一脉相承。古人通过在刻好文字的石碑上覆盖经过湿润处理的宣纸,在进行轻轻敲打之后,使柔软的纸陷入碑面石刻文字的凹陷处,然后用蘸上墨汁的软棉布包在纸面上轻轻拍打,纸面上就会留下黑底白字的印迹。这种简单的刻印复制方法就是在后世得到延续与发展的捶拓技术。

大约在公元600年前后的隋朝,印章篆刻启发了雕版印刷术的发明,由此形成了我国印刷字体的雏形。我国现存最早的雕版印刷品是公元868年印刷的《金刚经》(图3-18)。

图 3-17　《牢阳司寇》

图 3-18　《金刚经》

　　雕版印刷是用写就的薄纸样稿贴反向附于木板上,由刻工依此刻成反向的图文版,作为印刷用的底版,然后在印版上用鬃刷刷上水墨,将纸铺上,再用干燥干净的鬃刷在纸背反复刷过,这样底版上的图文便可正向印于纸上。

　　北宋年间,毕昇在总结历代雕版印刷经验的基础上,发明了胶泥活字印刷术,制作活字的材料后来又经历了锡、木、铜、铅等。

　　清代刻款拓片,作者丁敬。篆刻中边款的文字被称为"袖珍文字",一般与印面隔开一定距离,以防重刻印文时磨损印面上的款文。边款中文字少的只刻单面,长的则刻几面,甚至刻到顶端,一般依照约定俗成的规律与顺序进行刻制。其拓印方式即后世用于印刷行业中的捶拓技术。

　　汉字印刷字体中最为主要的字体——宋体字是中国书法与

雕版印刷结合的产物,标志着印刷字体逐渐走向成熟。宋体字起源于唐代的楷书,发展于宋代,成形于明隆庆至万历年间,不但具有中国书法的魅力,还具有雕版印刷与木版刀刻的韵味。这些特点是刻工们在长期的刻写实践中对唐代楷书笔画进行归纳化、规范化处理所形成的结果。他们为了提高工作效率,在不妨碍字体结构、形象的前提下,尽量减少重复用刀,将曲线变为直线,由此产生了字形方正、横平竖直、横细竖粗、笔画挺拔有力、起落笔有饰角的特点。雕版宋体字在后世的发展中,对楷书的提炼更加纯粹与整体。

　　随着现代计算机技术的发展,现在我们能更加方便和快捷地设计出新的字体。在原有的书法、宋体、黑体的字形基础上设计出了许多新的字体。有重在模仿传统书法的魏碑体、瘦金体、隶书体等,有从结构笔画中推陈出新的剪纸体、彩云体、琥珀体等,也有通过改变宋体、黑体等笔画粗细制作出的新字体,如小标宋、大黑、细黑等。目前我国已经有了多套的字库,如方正字库(图 3-19)、华文字库、文鼎字库等。

天地玄黄 宇宙洪荒	天地玄黄 宇宙洪荒	天地玄黄 宇宙洪荒
方正剪纸体	方正胖娃简体	方正超粗黑简体
天地玄黄 宇宙洪荒	天地玄黄 宇宙洪荒	天地玄黄 宇宙洪荒
方正华隶体	方正细珊瑚体	方正稚艺简体

图 3-19　现代印刷字体

(二)拉丁文字体系的演变历史

　　拉丁字母也称罗马字母,是目前世界运用最广泛和普及率最广的文字之一。它的发展过程如图 3-20 所示。

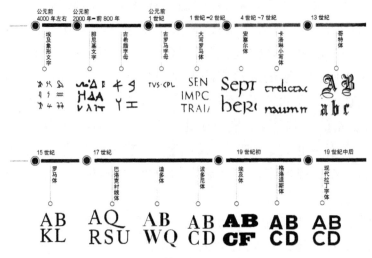

图 3-20　拉丁字母发展过程

1.象形文字与字母

拉丁字母起源于 6000 年前的埃及象形文字。在经过了腓尼基人对祖先 30 个符号加以归纳整理后,最终形成了 22 个简略字母。此时的拉丁文字是从右往左写的,还有一些需要左右倒转的字母。到公元前 1 世纪,罗马实行共和制,用风格明快、带夸张圆形的 23 个拉丁字母代替了直线形的希腊字母。最后,古罗马帝国为了控制欧洲,统一语言文字,逐步完成了 26 个拉丁字母,形成了完整的拉丁字系统。

2.书刻字

(1)大写罗马体

公元 1—2 世纪出现在罗马凯旋门胜利柱上的端庄典雅的大写拉丁文字,就是标志性的大写罗马体(图 3-21)。它字脚的形状与纪念柱的柱头相似,与柱身十分和谐,字母的宽窄比例适当,整体美观典雅。后人将大写罗马体作为古典大写字母的学习范本,代表作有图拉真(古罗马帝国皇帝)纪念柱上的碑文。大写罗马体的笔形特点包括:字幅差较大但横竖笔画粗细变化较小、字脚饰线与骨架笔画用弧线连接、字母上下延较长,并且上延笔画有三角形的"喙"。

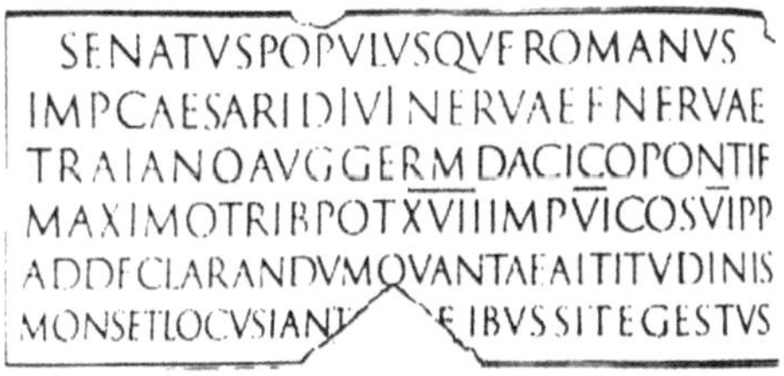

图 3-21　柱体上的大写罗马体

（2）安塞尔体

公元 3 世纪时期，宗教广泛传播，手抄《圣经》开始流行。于是产生了手写体，为了能加快抄写的速度，手写体中的一些笔画被省略并且一些字母的直线被改成了曲线。这种字体便是安塞尔体，它有大小写字母之分，其过渡形体也是小写字母的开端（图 3-22）。

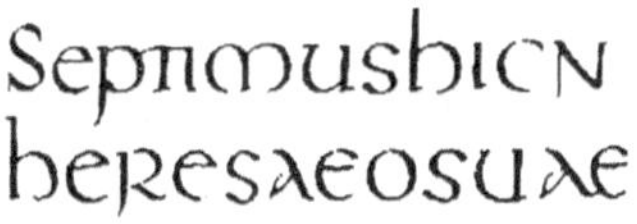

图 3-22　安塞尔体

（3）卡洛琳小写体

公元 8 世纪的法国卡洛琳王朝时期，国王查理曼统一了手写字体的标准及装饰风格，使字体既工整又保留了手写的连贯性。这类字体便是卡洛琳字体，它不仅加快了字母的书写速度，并且保留了手写的流畅性和易读性。字脚和字体的连接更加明显，加强了单词中字母的连贯性（图 3-23）。

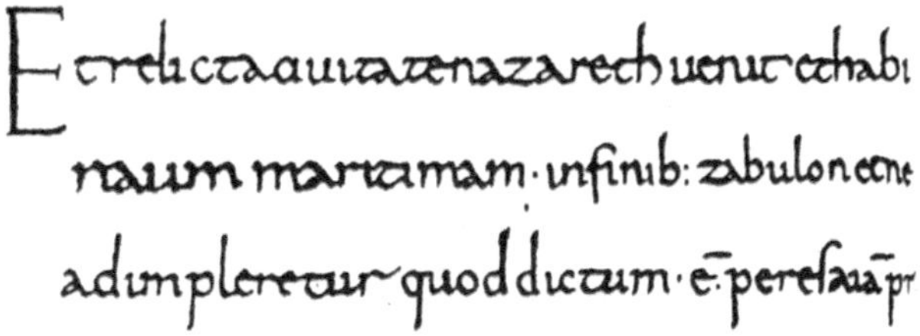

图 3-23　卡洛琳小写体

(4)哥特体

从 13 世纪开始，哥特式风格对文字产生了一定的影响，开始出现了一种竖线较粗，且带有强烈装饰性缀线的字体，这种字体被称为哥特体。它多见于中世纪的神学手抄文献，有着强烈装饰感和华丽的视觉冲击，但是在书写和阅读上都很不方便(图 3-24)。

ABCDEFGH
abcdefghigklm

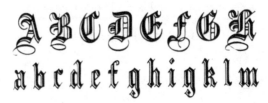

图 3-24　哥特体

3. 印刷字和拉丁铅活字

(1)罗马体

15 世纪是欧洲文化发展极为重要的时期。首先，这一时期德国人发明的铅活字印刷术使原来一些连写的字母被解开，并开创了新的拉丁字母风格。其次，15 世纪的意大利是欧洲文艺复兴的中心，文化与技术的繁荣和发展也推动了拉丁字母的发展与完善。文艺复兴人士从罗马帝国的早期手写文献中找到了罗马大写体和卡洛琳小写体，通过设计将两种字体完美地融合在一起，形成了一套新的完整的字体。当时的设计师尼古拉斯·詹森，将意大利的碑刻体和手写体结合，设计了“罗马体”，它奠定了西方衬线体的基础，也对后来的字体设计产生了很大的影响(图 3-25)。

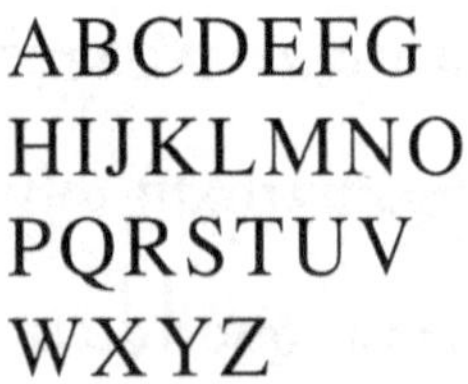

ABCDEFG
HIJKLMNO
PQRSTUV
WXYZ

图 3-25　罗马体

（2）巴洛克衬线体

巴洛克衬线体（图 3-26），指的是出现在 17 世纪到 18 世纪的巴洛克时期的文字。它继承了文艺复兴时期衬线体的手写风格，其特点为字形柔和，强调线条的粗细对比但并不夸张，也对后来的现代风格的古典主义衬线体有很大的影响，所以巴洛克衬线体又称过渡体。典型的字体有 18 世纪中期的卡斯隆体（caslon）、巴斯克维尔体（baskerville）及 20 世纪的新罗马体（times new roman）。

ABCDEFG
HIJKLMNO
PQRSTUV
WXYZ

图 3-26　巴洛克衬线体

（3）迪多体

18 世纪法国大革命和启蒙运动以后，革命的理性和严谨的古典主义艺术风格成为主流，工整笔直的线条代替了圆弧形的字脚，衬线变得更细，字体细节得到了提升，笔画的粗细也有了很大的变化。这些具有时代变化的特点都能在迪多（Firmin Didot）的同名字体上找到。迪多体严谨、理性。笔画对比强烈的艺术风格有着浓郁的法国大革命的精神（图 3-27）。它在今天仍被广泛应用，是法国标志性的字体。

ABCDEFG
HIJKLMNO
PQRSUV

图 3-27　迪多体

（4）波多尼体

波多尼体是意大利设计师 Giambattista Bodoni 设计的字体。波多尼强调粗细对比（11.6∶1），同时通过字体的正负空间来形成内紧外松的连续，并且字体始终贯穿着装饰脚（图 3-28）。波多尼的字体优雅浪漫、和谐易读，即使放大也同样精致端庄，所以也用于标题。它体现了18世纪晚期19世纪早期的字体的特点，同时它也是现代主义风格最完美的体现，在今天仍被广泛应用。

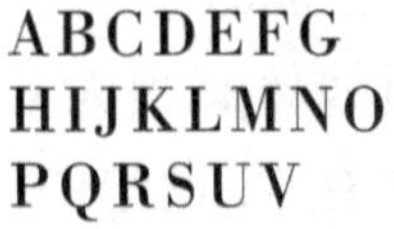
ABCDEFG
HIJKLMNO
PQRSUV

图3-28　波多尼体

(5)英国手写体

英国手写体因书法家的技法精湛而诞生，由英国书法大师George Bickham设计，由于传统高雅的交流性文字和规范的书法字得到传播(图3-29)。

ABCDEFGIJ
KLMNOPQRS

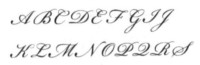

图3-29　英国手写体

(6)埃及体

1815—1817年文森特·费金斯首次在商业用途上应用组线体“Antiquei”，即埃及体(图3-30)。此字体外形粗大方正，每个字母几乎是固定的宽度和水平，追求机械、笨拙，具有强烈的视觉效果。因它的字架结构和无衬线体类似，所以常被称为单纯的在无衬线体上加粗衬线。但在字体排版中粗衬线体也是一种衬线字体，因其字体醒目、强烈又带有粗壮的衬线，所以常被使用于广告标题。和它类似的字体还有Clarendon体、Rockwell体和Courier体等。

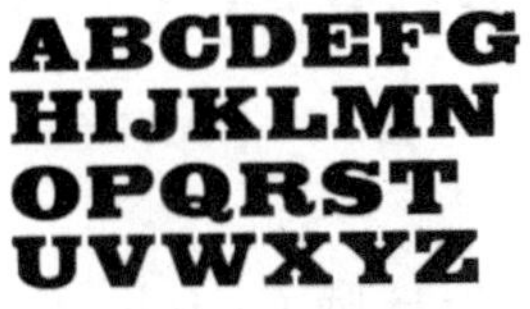
ABCDEFG
HIJKLMN
OPQRST
UVWXYZ

图3-30　埃及体

(7)格洛退斯克体

格洛退斯克体也称无衬线体(图3-31)，它是在18世纪末19

世纪初英国工业革命时期产生的字体。当时机器大生产逐步代替了手工制作，并且十分流行简洁、有力的机械美，所以印刷和设计上也相应出现了完全抛弃衬线只留下字架的字体。这种字体和中国的黑体相似，线条几乎都是相等的，它朴素简洁、清晰有力但稍显呆板。

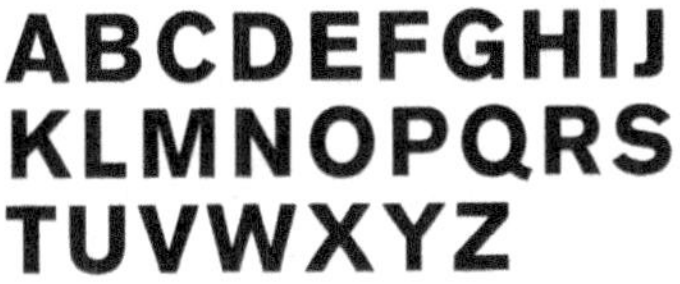
ABCDEFGHIJ
KLMNOPQRS
TUVWXYZ

图 3-31 格洛退斯克体

(8)现代拉丁字体设计

现代拉丁字体的发展(19 世纪至 20 世纪初)是与西方现代美术思潮紧密联系的(图 3-32)，主要是以多样的视觉表现手法来设计新的字体形式，体现了不同时期的经济、文化特征，其中最具有影响力的是“工艺美术运动”和“新艺术运动”。这个时期的字体设计强调装饰性。

ABCDEFGHIJ
KLMNOPQRS
TUVWXYZ

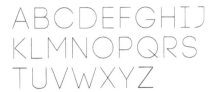

图 3-32 现代拉丁字体设计

20 世纪 50—60 年代，字体设计也进入现代主义设计时期。20 世纪 60 年代中期以后，新的艺术流派开始反对现代主义设计中过分单一的风格。设计师们运用新的技术和方法寻找新的设计语言，字体设计出现多元化的状态。

二、字体结构的特点

(一)汉字字体结构的特点

汉字的基本笔画为点、横、竖、撇、捺、提、折、钩。不同字体之间的区别便在于这些笔画上的变化,在设计字体的时候需要结合笔画的特点来加以设计,让字体的样式丰富多样又具有独特个性。

1.宋体的结构特点

宋体又称明体,是最适应印刷术的一种汉字字体,所以,宋体是在印刷中应用最广泛的字体,而宋体也有很多不同类型(图 3-33)。宋体字的字形方正,笔画有粗细变化,一般是横细竖粗,末端有装饰部分(即"字脚"或"衬线")。点、撇、捺、钩等笔画有尖端。属于白体,常用于书籍、杂志、报纸印刷的正文排版,阅读时能够给人舒适醒目的视觉感。

静水流深,沧笙踏歌

创 意 简 宋 体

静水流深,沧笙踏歌

方 正 雅 宋

静水流深,沧笙踏歌

方 正 大 标 宋 简 体

静水流深,沧笙踏歌

汉 仪 超 粗 宋

图 3-33 不同类型的宋体

2.仿宋体的结构特点

仿宋体是一种采用宋体结构、楷书笔画的较为清秀挺拔的字体,笔画横竖粗细均匀。常用于排印副标题、诗词短文、批注、引文等,在一些读物中也用来排印正文部分。仿宋体源于雕版书体正文,因其字体秀丽整齐,清晰美观,刚劲有力,容易辨认,所以深受人们喜爱。我们常见的各种展览会的前言、后记、说明文字及墙报、黑板报、书刊的注释,产品说明书大多用仿宋体,特别是工程制图上国家规定的工程字体就是长仿宋体。

3.黑体的结构特点

黑体字又称方体或等线体,没有衬线装饰(图3-34)。字形端庄,笔画横平竖直,笔迹全部一样粗细,结构醒目严密,笔画粗壮有力,撇捺等笔画不尖,使人易于阅读。

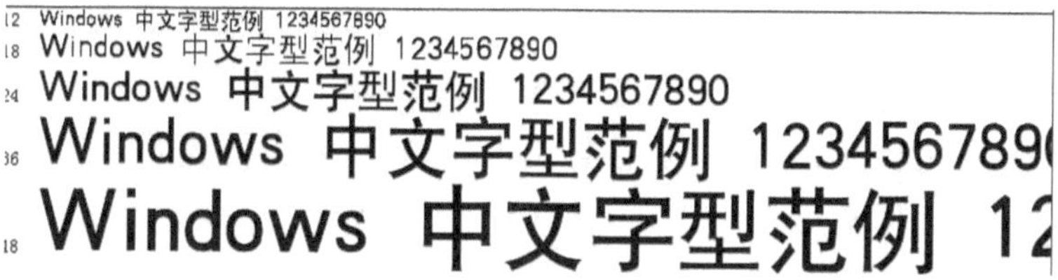

图 3-34　黑体字

黑体适用于标题或需要引起注意的按语或批注。汉字的黑体是在现代印刷术传入东方后依据西文无衬线体中的黑体所创造的。由于汉字笔画多,小字的黑体清晰度较差,所以一开始主要用于文章标题。

4.美黑体的结构特点

美黑体创建于 20 世纪 50 年代,它吸收了黑体、宋体的某些特征,字体外形呈长方形,庄重醒目、新颖大方,适用于标题文字(图3-35)。美黑体的主要笔画平头齐尾,而点、捺、提的笔画形态与横细竖粗的特征又融入了宋体字的变化。

人生若只如初见,何事秋风悲画扇

图 3-35　方正美黑简体

5.圆黑体的结构特点

圆黑体由黑体演变而来,它将黑体的方角变成了圆角,方头变成了圆头(图 3-36)。点、撇、捺、挑、钩略呈弧线,并稍微加长。圆黑体与黑体虽然字形一样,给人的视觉感受却有所区别,黑体给人厚重沉稳的感觉,而圆黑体的粗圆风格给人厚重而灵活的感觉。

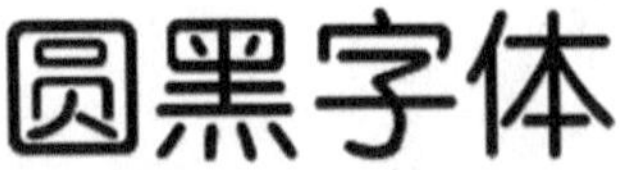

圆黑字体

图 3-36　圆黑体

6.楷体的结构特点

楷体也叫正楷、真书、正书。是一种模仿手写习惯的字体,笔画挺秀均匀、字形端正,广泛使用于学生读物、批注等(图 3-37)。

计算机技术的广泛应用推动了印刷领域的快速发展,设计师可以根据具体需要设计出形态各异的"新字",并能很快地印制成品,文字形态得到了彻底解放,出现了专门从事字体设计制作的机构和公司。

书香伴我行

图 3-37　方正硬笔楷体

(二)拉丁文字字体结构的特点

拉丁文字是一种线性文字,文字的高度是不变的,宽度随字根的增减而变化,并且拉丁文字与汉字所不同的是,汉字是以字格为书写单位;而拉丁文字的大写字母高度相同,宽度不同。根据写法和形状,大写字母一般分为五类:三角形字母包括 A、T、V、Y,长方形字母包括 B、E、F、H、K、N、P、R、S、U、X、Z,圆形字母包括 C、D、G、O、Q,扁长形字母包括 M、W,特殊形字母包括 I、J、L。

拉丁字母在书写时有一条书写基线,所有字母都排列在这条线上,这种固定而准确的结构有着和谐的比例关系,通过适当的变化,产生各种完美的造型,使拉丁文字的造型结构能够呈现出灵动、流畅的韵律结构,产生和谐自然的动感美。

拉丁字母分为两大类型,衬线体与无衬线体(图 3-38),衬线体如 Times、Times New Roman,无衬线体如 Arial、Helvetica。

图 3-38 衬线体与无衬线体

1. 衬线字体的结构特点

衬线指字母笔画结构之外,边缘的装饰部分(图 3-39)。衬线体分为旧式衬线体、过渡衬线体、现代衬线体、粗衬线体。衬线体的每个字母在笔画开始和结束的地方都会加上一些修饰,这个修饰多种多样,与笔画粗细的对比差异会使字母之间产生精密的联系。

衬线字体的易读性较高,可以避免行与行之间的阅读错误,能够给人以严肃、精致的视觉感受。而且衬线体的书写很规范,很适用于编排印刷。在传统的正文印刷中,普遍认为相对于无衬线体来说衬线体能带来更佳的可读性,尤其是在大段落的文章中,衬线增加了阅读时对字母的视觉参照。

图 3-39 衬线字体

2.无衬线字体的结构特点

无衬线字体是相对于衬线字体而言的,是指字体的每个笔画结构都保持一样的粗细比例,没有任何的修饰(图 3-40)。相比严肃正经的衬线体,无衬线体给人一种休闲轻松的感觉。随着现代生活和流行趋势的变化,如今人们越来越喜欢用无衬线体,因为它们看上去"更干净"。无衬线字体分为歌德体、新哥德体、古典体、几何体。

歌德体是早期的无衬线字体设计,如 Grotesque 或 Royal Gothic 体。新哥德体是目前所谓的标准无衬线字体,如 Helvetica(瑞士体)、Arial 和 Univers 体,等等。过渡无衬线体常被称为"无名的无衬线体"。古典体是无衬线字体中最具有书法特色的,具有强烈的笔画粗细化和可读性。几何无衬线是基于几何形状,通过鲜明的直线和圆弧的对比来表达几何图形美感的一种字体。

**Grumpy wizards make
toxic brew for the evil
Queen and Jack.**

图 3-40　无衬线字体

无衬线字体简洁流畅、力度丰富,能够给人一种轻快、现代的视觉感受,因此无线字体大多被运用在标题或较短的文字段落上,或是一些较为通俗的读物中。

第三节　字体设计的法则与创意方法

一、字体设计的基本法则

(一)字体设计的识读性

文字的设计要保证信息传递的准确性。在进行字体设计时,对文字的基本笔画和结构的变化必须符合人们的视觉习惯,必须考虑字体的整体诉求效果,给人以清晰的视觉印象。

在字体设计中不能一味追求个性花哨,过多的装饰会影响到字体的识别性,反而画蛇添足,还会增添读者的阅读难度。因此,在进行字体设计的时候要以易读为基础,再对文字进行一定的设计。

通过对字体的整体效果以及字体之间的笔画、空间比例、字距和行距等设计要点的规范和合理调控,来保证字体的可读性、构造整洁清晰的视觉印象。

1.笔画规范

笔画特征是字体形成的特点,在对这些笔画进行构思、设计的同时要考虑到文字的易读性。每一种字体都有着严格的笔画特征,甚至严格到对每个角的倾斜度以及笔画之间的比例都有要求。

2.空间比例

当过小的字体应用于一个版面时,会增加其阅读难度,降低读者的阅读兴趣。而过大的字体应用于版面时,画面会有膨胀感,产生压抑的感觉。并且太大的字体会影响到内容的连贯性,也不利于阅读。

3.字距与字号

字距是指同一种字形的所有相关字体,包括了不同的磅数、倾斜度和宽度。作为一个系列的字体,只是会有加粗、倾斜这样的分类。使用一种字距的字体,可以使得画面看起来整洁统一,不同的粗细以及倾斜可以起到划分内容主次的作用。

4.间距与行距

间距说的是文字之间的距离,合适的距离可以保证读者清晰地辨识文字,文字之间的间距不能过大,过大的间距会影响到文字阅读的连贯性;行距说的是文字行与行之间的间距,一般行距比字距大,大致占到字宽的 1/4。

(二)字体设计的视觉美感

文字作为视觉要素之一,必须符合视觉美感,才能够有效地传达情感要素。文字作为画面的形象要素之一,必须符合视觉美感,具有视觉美感的作品会给观众留下深刻的印象,能够有效地传达信息与感染受众(图 3-41)。

图 3-41 文字的视觉美

(三)字体设计的创新性

创新是现代设计的主流,字体设计作品只有具有创新性,体现作者独特的创作意识才能具有独特性。字体设计的创新可以运用以下方法。

1.透视

透视的字体可以增添字体的时尚感与空间感。合理地安排画面构图,可以产生个性独特的视觉效果。我们可以对文字在空间的透视排列来完成透视效果,例如增加文字的厚度,利用近大远小的空间感(图 3-42)。通过这样的手法可以有效地增加文字的立体感,并且使版面的视觉效果更加生动。

如图 3-43 所示,不仅利用了近大远小的空间关系,还改变了文字的造型,用阶梯的形态来展现文字。整个画面效果新颖独特,带有一点神秘炫酷的视觉感受。

图 3-42　具有立体透视的字体设计

图 3-43　折叠透视的字体设计

2.局部强调

文字的设计主要强调其个性与独特性,字体的局部笔画应该根据风格做一定的强调,才能突出文字的特征和风格,给大众一种眼前一亮的新鲜感。在字体设计的过程中,加强局部塑造的艺术手法有很多:可以对其笔画进行设计,也可以强调文字的结构,通过置换笔画材质的手法来强调文字,还可以将文字的笔画置换成一些特殊的肌理。石头的裂纹、树叶的筋络、动物的皮毛等都可以作为设计字体的素材。只要能表达出你所要设计的主题风格就可以了。这样的字体视觉效果要更加强烈,也具有一定的装饰效果。

图 3-44　突出"Tea"的海报设计　　　　图 3-45　突出"7"的海报设计

3.置换

　　这里的置换说的是将文字与一些素材进行置换,从而来强调文字的外在形象,这样更加能够吸引观者的感知兴趣,并且能够给人眼前一亮的视觉感受。字体置换的素材有很多,可以是泼墨、花瓣、雨滴、石纹等。另外还可以将某些图形用文字的形式进行置换,这样的文字更加具有个性(图 3-46、图 3-47)。

图 3-46　添加报纸素材的字体设计　　　图 3-47　添加海绵素材的字体设计

(四)字体设计的统一性

　　我们在进行相关设计的时候,必须对文字的形态进行一定的统一与规范,这是字体设计的原则之一。主要包括以下几个方面的内容。

1.整体风格的统一

整体风格,指的是文字的外形样式相统一。文字的风格多种多样,有稳重的、柔美的、可爱的等,给人带来的心理感受也是不一样的。所以在精细字体设计时,整体风格的统一是很有必要的,这样才能保证画面的整体美观。

例如我们平时所见的报纸杂志中所用到的文字,包括它们的标题、引语、正文、批注等在风格上都是统一协调的。不论是文字的大小,还是内容的主次,在文字的整体风格上并没有太大的差异,这样才能保证画面饱满协调的视觉效果(图 3-48、图 3-49)。

图 3-48　同风格的字体设计

图 3-49　随意的字体设计

2. 文字的统一

文字统一说的是版面中所有关于文字的部分都要在内容上做到表述一致,避免内容杂乱无章。在字体设计中,文字信息主要是起到传达主题的诉求作用。通常情况下,文字内容都会有一定的主题思路,在主题思想指导的基础之上,设计者通过这样的设计原则达到文字统一的目的,从而来提高版面的美观性(图 3-50、图 3-51)。

图 3-50 凹凸有致的文字设计

图 3-51 统一文字的创意招贴

3. 空间的统一

在进行字体设计时,不仅要保证文字整体达到完整、统一的美感，而且还要把握文字之间的字距在视觉上的大小统一，保证画面的节奏感。要根据文字的笔画以及内容的多少来判断所要占用的空间面积，从而使画面呈现出有序的视觉效果，并保持整体的形态美。例如同款字体在设计时，笔画少的文字所要留的空间较大，而笔画多的文字空出的空间较小，所以在设计时要把笔画少的字体所占用的面积缩小，这样才能保证文字的和谐统一（图3-52、图3-53）。

图 3-52　空间统一的海报设计

图 3-53　文字间隙统一的海报设计

(五)字体设计与编排

1.利用传统的文字编排体现画面规整性

在平面设计中,常见的文字编排样式有 4 种,分别是齐右、齐左、左右均齐及中轴对齐排列。这些排列方式不仅在布局结构上具有差异性,它们赋予版面的情感诉求也是不同的。根据设计题材的需求,通过选择具有针对性的编排方式,来打造具有视觉感染力的平面作品。

(1)齐右

在平面设计中,齐右的编排方式是指每段文字首行与尾行的右侧进行首齐排列,而左侧则表现出参差不齐的样式。由于齐右排列在布局上打破了传统的版式格调,因此它在视觉上往往会给人留下深刻的印象。

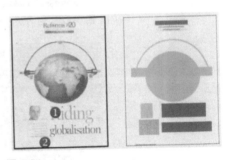

图 3-54

①可以放大标题文字的字号,以强调它在版面中的重要性。

②将说明文字以齐右的方式进行排列,从而强化了它在视觉上的独特性。

(2)齐左

所谓齐左排列,是指每段文字左侧的首行进行对齐排列,而右侧则呈现出自由的布局形式。在版式编排上,齐左与齐右刚好是一组相对立的排列方式,由于齐左排列在布局上符合人们的阅读习惯,因此它总能带给受众一种流畅的感受(图 3-55)。

图 3-55

①利用首字突出的编排形式,以使该段文字的注目度得到有效提升。

②将部分文字解说以齐左的方式进行排列,从而在结构上迎合观者的阅读习惯。

(3)左右均齐

所谓左右均齐,是指文字段落的左右两侧均以整齐的方式进行排列,并且每段文字的长度都是完全相同的。该类排列方式使整体布局的严谨性得到增强,并在视觉上给人留下平静与舒适的视觉印象,从而使受众对版面本身产生好感。

图 3-56

①通过改变部分文字的色彩搭配,来提升它们在版面中的受关注程度。

②将大量文字段落以左右均齐的方式排列在一起,从而打造出具有规整感的版面格局。

(4)中轴对齐

所谓中轴对称,是指以文字段落的中心轴进行对齐排列,而左右两侧则呈现出参差不齐的状态。在平面设计中,我们通过此种排列方式来提升字体的视觉凝聚力,以此达到吸引受众视线的目的,并且在被关注的过程中将主题信息一并传输给他们。

图 3-57

①刻意将文字与图片的边缘进行对齐排列。

②通过为文字段落施以中轴对齐的排列方式,从而增强该段文字的视觉凝聚力。

2.将文字进行交错编排表现错落感

在平面设计中,将版面中的文字信息进行交错排列,利用错落的格局样式,从而打造出具有视觉冲击感的画面效果。在实际的设计过程中,文字交错排列的样式是多种多样的,有的是以三维空间为平台进行错位排列,而有的则是利用不同朝向的文字编排方式来构成交错感。

利用文字排列的不同朝向,可以打造具有交错感的视觉空间。例如,将以垂直走向进行排列的文字,与水平排列的文字组合在一起,以形成十字形交叉排列的样式。利用该布局方式还能打造出版面的视觉重心,并提高其画面的耐看度。

图 3-58

（1）为标题文字加入适当的投影效果,从而使它的表现力得到大幅度提升。

（2）利用标题与背景文字之间的错位排列,以此来提升版面布局的趣味性。

在创作平面作品时,将垂直轴上的文字段落以水平错位的形式进行排列,利用参差不齐的排列样式来增添版面布局的趣味性。该种编排样式没有明确的规章与原理,因此在实际的设计过程中充满了自由与随性。不仅如此,它还能带给受众一种欢乐、俏皮的视觉印象。

图 3-59

（1）刻意采用镂空的字体结构，以增加作品在编排上的趣味性。

（2）通过段落间的错位排列，使画面给人带来自由、随意的视觉感受。

3.文字绕图为画面带来新奇感

在平面设计中，将版面中的文字与图片进行有机的结合，以使它们在排列形式上构成互补互助的关系。通过文字绕图排列，不仅能使整体布局变得更加和谐与统一，同时还能使文字与图片的视觉形象分别得到提升，从而促进视觉要素对主题信息的传达效力。

当版面中含有大量的文字信息时，我们可以通过文字绕图的编排法则，来增进文字与插图的互动关系，从而使人们对文字的感知兴趣也得到相应的提高。比如，将文字信息以"回"形的样式环绕在图片周围，利用插图元素的高号召力来引导读者阅读文字信息。

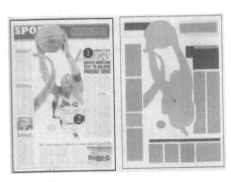

图 3-60

（1）为版面加入带有设计感的标题字体，以此来提升作品整体的耗散性。

（2）通过文字绕图的编排形式，来增强文字与图片之间的互动关系。

在平面设计中，将文字信息围绕着图片的轮廓进行排列，从而形成文字绕图的排列形式。此种排列方式的特点在于,它能增加版面编排的趣味感,尤其是在那些文字信息偏多的版面中,文字绕图能有效减轻大量文字带来的心理压抑感。

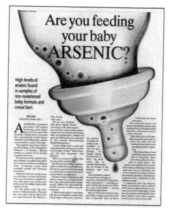
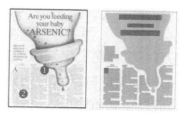

图 3-61

(1)通过为图形轮廓预留充足的空间,以此来强调文字与图片的视觉关系。

(2)将正文信息以左右均齐的方式排列在一起,以强调整体布局的规范性。

4.增强文字跳跃率加强画面视觉印象

所谓文字的跳跃率,是指以正文作为参考物,通过对最大标题的字幅及字高计算后的大小比率。在平面设计中,我们通过调整文字的跳跃率,来改变版面受关注的程度。通常情况下,文字跳跃率越高的版面,其对读者的视觉号召力也就越强。

(1)加强标题文字的表现

在实际的设计过程中,通过加强标题文字的视觉形象,可以起到提升版面跳跃率的作用。为了强化标题文字,我们可以利用一些简单而有效的做法,比如加大标题的字号,或加粗标题的笔画等。

图 3-62

①刻意将标题文字调配成粗线体，来突出该要素的视觉表现力，从而使版面的跳跃率得到相应提升。

②通过在版面中加入大量的文字内容，从而向受众提供丰富的科普信息。

（2）借助首字突出

在平面设计中，首字突出的编排方式也能使文字的跳跃率得到提高。所谓首字突出，是指段落中首个字母的字号被刻意放大，并与该段文字中的其他字体形成鲜明的对比关系。这种手法不仅能增强版面的跳跃率，同时还能将读者的视线直接引导到文字信息上，从而促进主题信息的传播。

图 3-63

①设计者刻意使用首字突出的表现形式，以从正面来增强版面的跳跃率。

②通过在版面的局部添加文字绕图效果,从而为作品增添了几分趣味性。

(3)利用文字的耗散性

所谓文字的耗散性,通常指的是文字的一种编排形式,它在视觉上给人的主要印象就是无主次、无主题、无秩序,该类编排方式讲究的是随意与自由,并且没有明确的编排法则与原理。由于这类排列方式在视觉上有极高的新奇感,所以它也经常用来提升文字的跳跃率。

图3-64

①为字体添加与本体色相似的色彩边框,以强调它在视觉上的醒目度。

②将字体以错乱的形式进行排列,从而使文字的跳跃率得到相应提高。

(4)通过字体的艺术化设计

对标题类文字进行艺术化处理,同样可以打造出高跳跃率的平面效果。在实际的设计过程中,处理标题字体的方式有很多,比如赋予标题特殊的材质效果,为标题轮廓进行描边,或直接采用富有张力的手写字体,通过这些设计方式来提高标题文字的醒目度,从而使版面的跳跃率也得到相应提升。

图 3-65

①在版面中使用了许多小号字体，为图片的表现提供了充足的空间。

②为标题文字添加白色的边框，以使它受关注的程度大大提高。

二、字体设计的创意方法

创意是指设计中创造性的独特的主意，也是整个设计思考过程中一种崭新的思路。这种崭新的思路是感性的思维，是灵感的迸发，会在瞬间产生，但绝对不是在瞬间孕育的，创意的灵感的闪现是长期实践感悟的结果。这种崭新的思路始终贯穿于整个设计过程中，其行为结果是"独创的、新颖的"。

(一)字体组合创意

1.汉字字体的组合创意

汉字中的组合排列都具有丰富的含义和视觉形象的开发基础。比如汉语中的"狐假虎威""虎头蛇尾"这样的词汇，它们本身就具有非常丰富生动的形象。我们在进行字体创意设计时可以针对这样的词汇来训练对字体设计的认识,将词汇所表露出的含义以形象生动、新颖的方式表现出来。

在有限的范围内开拓想象力,发挥无限的创意空间,对文字字体的组合创意,其方法有很多种,这里简单介绍几种方法以供参考。

(1)改变字形变化。改变文字的外形特征,使字体特征更加鲜明,寓意更加深刻,使字体与情感交融;笔形的变化,将笔形做一些肌理或笔触的处理;打破常规的文字结构和均衡定式,将常规笔画进行变形,使结构产生对比变化,加强字体的个性设计(图3-66)。

图 3-66　利用笔形变化进行创意

字形变化的多样性有助于增加文字含义的多角度表现形式,使文字的形式与内容充分融合,给予读者更多的想象空间和视觉的趣味性。

(2)内线法。将笔画中心留出线条的空隙,字体黑白对比强烈,动感十足。这种表现方法适合应用于笔画较粗的基本字体(图3-67)。

图 3-67　内线法

(3)连笔法。字体的局部或者整体是由一笔构成,也叫作"一笔成字"。这种表现形式有一定的难度,在书写过程中要加强字体的简约概括性,大胆省略掉细节部分,但是要保持字形原貌。这种表现形式具有线条的流畅感、明确的方向感和现代的时尚感。这种形式的字体经常用在品牌字体或企业形象中,也可用于霓虹灯的字形上(图 3-68)。

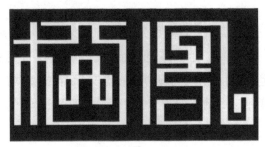

图 3-68　连笔法设计

(4)断笔法。将笔画采取剪切、错位、手撕的方法,使文字呈现出缺口。这种表现方法必须要保持字体的完整统一性,不能打散文字的原本结构,否则会减弱阅读功能(图 3-69)。

图 3-69　断笔法

(5)重叠法。重叠即笔画之间或者字与字之间相互重叠的表现形式。通常在设计中使文字的局部超出常规的空间位置,造成笔画与笔画间交错重叠的效果。这种形式的字体容易给人带来新奇、变化、紧凑的新鲜感,并且能减少空间,加强文字之间的紧密联系。

交错重叠的效果虽然很新颖,但是在运用过程中要注意组合的位置,重叠要巧妙,穿插错位要适度,充分考虑到字体的完整性和秩序性(图 3-70)。

图 3-70　重叠

（6）和谐组合法。创意字体设计有时也要统一和谐,在笔画和结构上保持统一的风格。这种设计形式常用于文字较多的组合中,或者用于较为正式统一的文字中,例如企业宣传等（图 3-71）。

图 3-71　和谐组合法

2.英文字体的组合创意

对于英文字体的组合,设计师通常先使用两种字体样式;如有可能,每种字体只选用两种特定的粗细或样式。这种限制主要是为了让读者对各编辑成分,如题目、标题组、小标题和说明文字的不同处理更易识别和归类。所用的字体越多,则越容易使人无所适从。

从审美角度来看,适当的限制可以使视觉语言更加清楚。但无论如何,如果有些设计明确规定需要多种字体,那么就放心去用,只是要谨慎选择。字体组合最根本的问题是视觉肌理和功能之间的联系（功能在这里还包括支持隐喻和丰富整体的视觉语言的作用）。在混合字体中增加的每一种字体须与其他字体区别开来,并能给页面带来一些明显的变化,同时能够满足某种功能。字体的组合原则主要体现在以下几个方面。

（1）选择粗细、宽度及位置变化较大的一种字体类别可以使字体编排肌理更加灵活,同时又符合对字体类别的限制要求。

（2）对现代设计来说,"少即是多"是这一宗旨的最好表达。最能展示这一技巧的古典英文字体是 Unlvers（图 3-72）。不同的变量会有不同的韵律、节奏、明度和块面,使视觉体验更加丰富,同时能满足最复杂的排版需要。

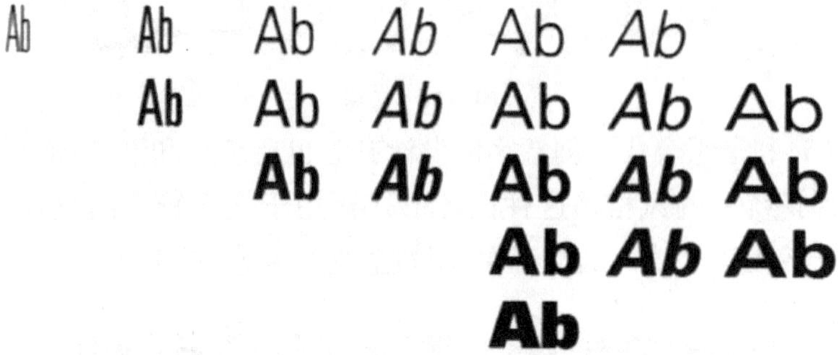

图 3-72 Unlvers 字体

(3)古典有衬线和无衬线字体组合,通常是设计师给版面增加一点风味的首选组合方案。一般来说,衬线字体用于文字,而无衬线字体则用于小标题、标注或较大的标题元素中。

(4)选择对比足够强烈的一对字体(图 3-73),但要注意它们的相似性,即总体宽度、紧密性或曲线形状、笔画之间的对比度、接合处的高度、相似元素的形状(如大写字母 R 中的脚)、末端裁切角度、曲线造型中的轴线角度,等等。

(5)在功能层面,有时候粗衬线字体与 Roman 字体相比,还是后者更粗更容易区别,如图 3-74 所示。所以用其他粗体字代替是完全可以接受的,只要替代的字体在细节和结构上与被替代字体非常相似即可。

图 3-73 字体的对比

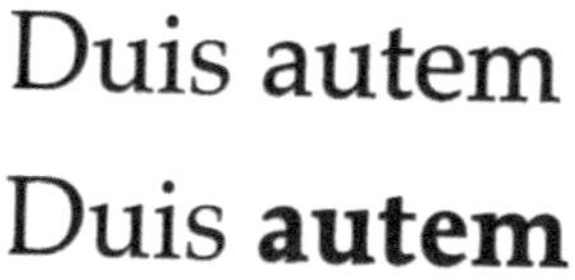
Duis autem
Duis autem

图 3-74 粗体字组合

(6)重复同一个概念可以创造出有趣的组合。如图 3-75 所示,这些粗衬线字体,它们的粗细、对比及宽度可能各不相同,但总体样式上却明显是统一的。

(7)如图 3-76 所示,这组组合的目的是夸大视觉图形组合,非常富有动感。在这种组合中,线性和点状块面相互强化,形成鲜明的对比。

Lorem ipsum
Lorem
ipsum
Lorem ipsum

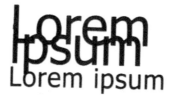

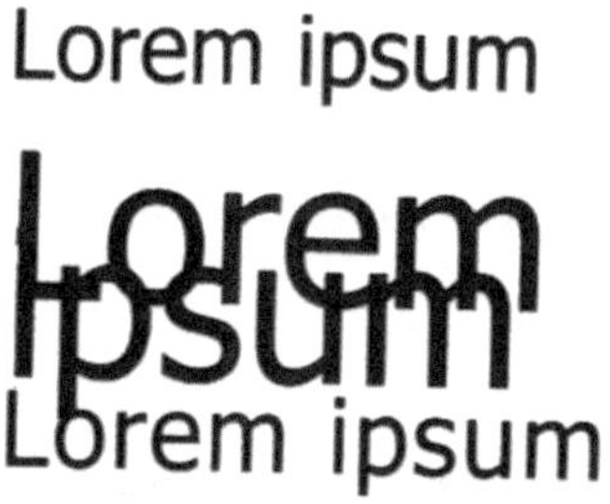

图 3-75 字体的重复

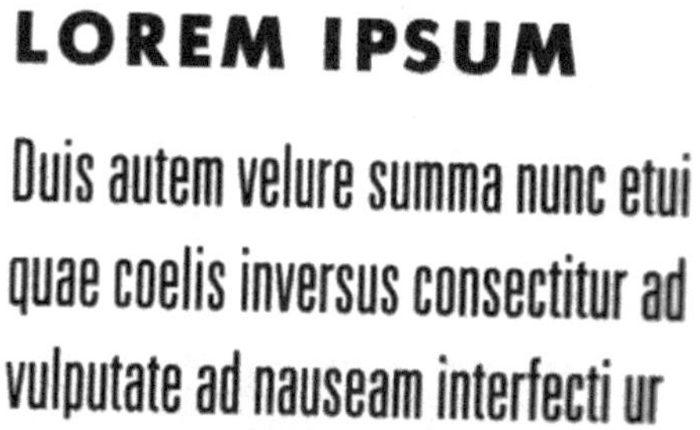
LOREM IPSUM
Duis autem velure summa nunc etui
quae coelis inversus consectitur ad
vulputate ad nauseam interfecti ur

图 3-76 具有动感的字体

(二)字体的图像化创意

1. 汉字字体的图像画创意

随着社会的文化信息传播在生产力高度发展的社会逐步快

速化和便捷化,读图时代的到来不仅使个性化、符号化和图形化成为信息交流的基本要求,而且读图成为当今时代人们获取知识信息的重要途径。

在当今信息膨胀的社会,文字的功能除了作为信息传播的工具以外,还有个性化、特征化的图形功能,文字与图形之间有着非常紧密的关系。人类的文字最早源于象形文字,经过几千年的发展,中国汉字中仍然有许多象形文字的特征。创意文字则是将文字的字意和相关寓意的图形进行结合,融合为一体。使字体中有图,图来衬托文字,字体既可以作识别的文字,又可以构成视觉装饰的图形,这是在创意文字设计中最常用的方法,也是最有效的方法。

(1)融合法

例如将文字的笔画与文字相关内容的图形或图片连接在一起,产生突破常规视觉、新颖的图形形象,达到强化重点特征的目的(图 3-77)。

图 3-77　图像画创意

（2）图形装饰法

创意字体设计中的图画与装饰手法，是利用汉字的基本笔画通过添加、组合、变形、取舍等多种装饰手法进行组合构成。需要注意的是，强调汉字的装饰美感与象征寓意，既合乎汉字的间架结构组合和基本形态，又注重汉字的可识别性与可读性（图 3-78）。

图 3-78　画图与装饰手法

2. 英文字体的图像画创意

（1）英文字体的造型创意

字母和单词通过一系列的修改，如简单的纹理化、变形、拼接及分解，可被转化成引人注目的图像。这些处理具有纯粹的视觉功能——即通过建立造型对等性将字体造型与其他图形素材统一起来，还可以通过不同的处理方法唤起某种理念和表现单词的含义。以下列举了一些英文字体的造型创意（图 3-79）。

RBGLOFK	RBGLOFK	RBGLOFK
中线截断：透视	轮廓线间隔性地截断	水平带内反转
RBGLOFK	RBGLOFK	RBGLOFK
基线位移的线性绘图	纹理遮挡效果	数码边缘失真滤镜
RBGLOFK	RBGLOFK	RBGLOFK
外部轮廓粗糙渗色	笔画／镂空反转	数字边缘失真滤镜

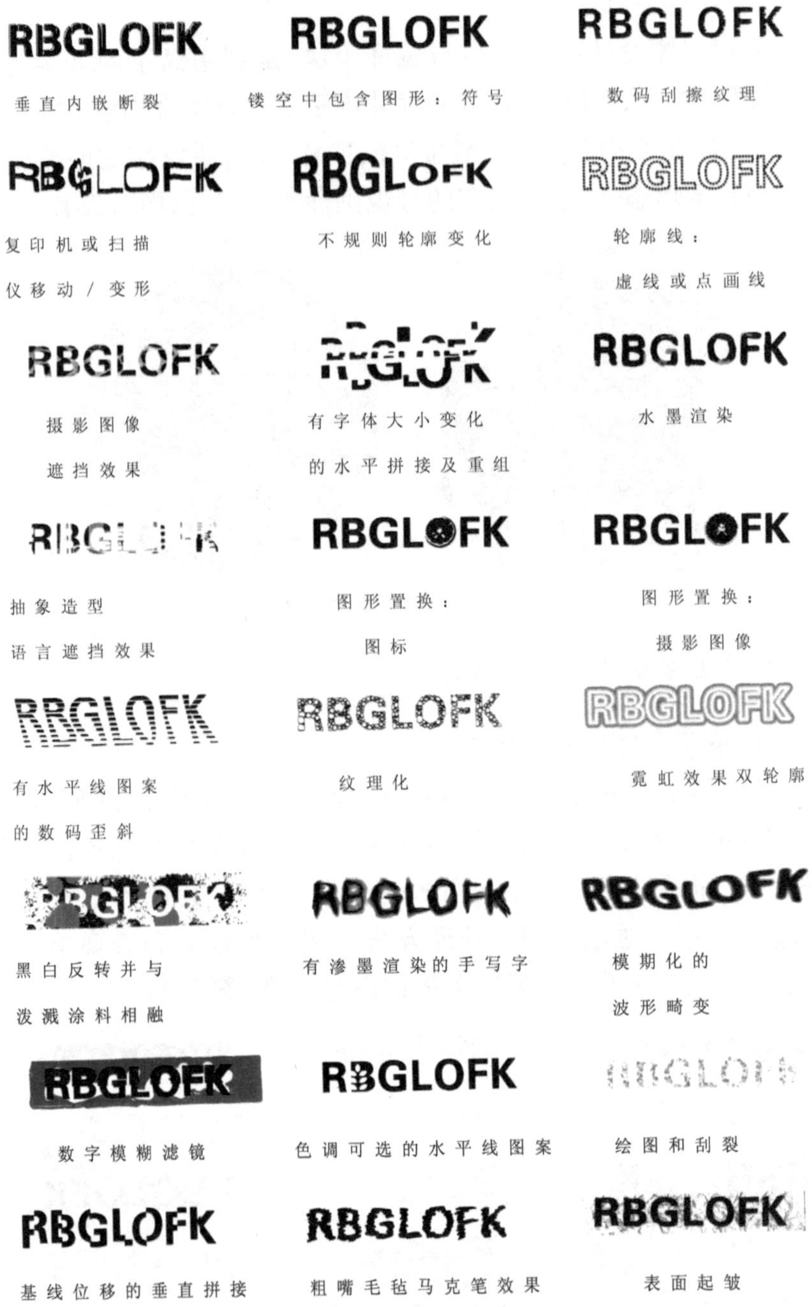

RBGLOFK	**RBGLOFK**	**RBGLOFK**
垂直内嵌断裂	镂空中包含图形：符号	数码刮擦纹理
RBGLOFK	**RBGLOFK**	RBGLOFK
复印机或扫描 仪移动／变形	不规则轮廓变化	轮廓线： 虚线或点画线
RBGLOFK	**RBGLOFK**	**RBGLOFK**
摄影图像 遮挡效果	有字体大小变化 的水平拼接及重组	水墨渲染
RBGLOFK	**RBGLOFK**	**RBGLOFK**
抽象造型 语言遮挡效果	图形置换： 图标	图形置换： 摄影图像
RBGLOFK	RBGLOFK	RBGLOFK
有水平线图案 的数码歪斜	纹理化	霓虹效果双轮廓
RBGLOFK?	**RBGLOFK**	**RBGLOFK**
黑白反转并与 泼溅涂料相融	有渗墨渲染的手写字	模期化的 波形畸变
RBGLOFK	**RBGLOFK**	RBGLOFK
数字模糊滤镜	色调可选的水平线图案	绘图和刮裂
RBGLOFK	**RBGLOFK**	**RBGLOFK**
基线位移的垂直拼接	粗嘴毛毡马克笔效果	表面起皱

图 3-79　英文字体的造型创意

(2)英文字体的图形化创意

　　图形化是一种更具体的方法，以下这些处理方法，让字体造型呈现图形效果或使之成为现实中的物体,使之参与物理作用或呈现三维空间环境。这些直接及写实的处理方法可应用于只有文字的设计中,将图像的视觉能力融入单词的字体结构中(图 3-80)。

图 3-80　英文字体的图形化创意

第四章 视觉设计中的图形美感与创意表现

图形作为创造视觉形象的主要语言,广泛运用于视觉传达艺术设计中,它的时代性、功能性、审美性已渗透到我们生活的每个角落。为此,设计者首先应该对图形语言的发展、图形的审美规律和图形的创意表现有比较深刻的认识。

第一节 图形与图形的发展历程

一、图形概论

(一)图形的作用

1.简略信息

想要对某事物进行说明的时候,语言和文字是比较方便的手段。但根据具体内容,语言和文字有可能过于说明性,或者叙述起来过于冗长,很多时候作为说明的表述会比较困难。

用语言表达不顺的时候,可以运用图画或图形,由此使设计达到最终的目的,也就是信息的整理达到新的高度。

文章越复杂就越不便于理解,出错的可能性也越大。

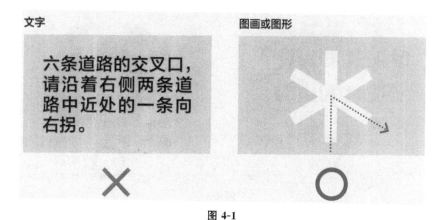

图 4-1

仅通过文字，会因信息量不足而无法理解其内容。

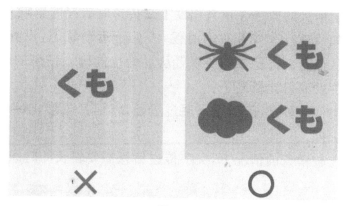

图 4-2

2.非语言类的传达

在国际化进程不断深入的社会里，文字在很多时候反而成了一种沟通障碍。这时，摒弃文字，灵活运用图画及象形图来表达的手法就显示出了优势。

仅使用象形图或标识，也足以传递信息。但根据具体情况，也可结合文字，从而让表达更加清晰、明确。

文字信息是无法传达给不懂这种语言的人的。

图 4-3

3.提高辨识度

传递信息的效果在很大程度上受传递时状况的影响。

比如骑自行车或开车的时候,人处于运动状态,没有多余精力去确认信息。再比如想要观者从远处也能确认信息的话,文字的辨识度就变得比较差了。

在类似这种情况下,可以通过造型,将信息象形化,以提高信息的辨识度。

在比较紧急的情况下,文字传递信息需要较长的时间。

图 4-4

（二）图形的分类

1.根据用途分类

在设计中,徽标或图标等作为文字和照片的替代,也分为几大基本类型。

概括来说,象形图可以说是一种标识,也可以说是徽标。这里首先明确一下常规认知下的符号种类以及如何分类,从而在设计中能够切实地将必要信息提炼出来。

本书中将造型和设计中提到的"徽标"一类事物都统一表述为"符号"。

（1）徽标

徽标（Mark）的本意是指一种印记,在设计中转化为一种概念的表达。

徽标多用于表示商标（Logomark）或者标识（Symbolmark）的意思,也就是象征公司、团队等团体或个人的符号,也有表示商品认证的 JIS 徽标等标识。

图 4-5　徽标

（2）标识

签名、指示等都可以算作标识,设计中的标识主要是起到标记、警示作用的图案。道路标识及引导路线的标牌都是标识设计。

图 4-6　标识

（3）象形图

作为符号中的一大类，象形图的特征是在提示行为或引起注意的情况下，会直接表现对象物本身的形象，比如书本或概念等。

与图标相比，其信息性更强，也就是说，象形图本身就能表达很清晰的意思。

图 4-7

（4）图标

图标是网站或者电脑中，代替文字来传达意思的图形。所以图标基本都是很小的画面，重点在于用很少的文字、很小的尺寸来表达意思。

其与象形图相似，但又不像象形图那样仅用图形来表达，其作用更多的是表达的辅助。某些情况下又比较像插图。

图 4-8

　　同一符号根据分类的不同,可以有多种用途。下面将其分别描述一下,大家会发现非常有趣。比如下面的符号,如果是徽标,表示的是"跳舞的团体"。如果是标识或象形图,则表示的是"请跳舞"或"跳舞的场所"。如果是图标,则表示的是"点击这里就会跳舞"。

图 4-9

2.根据特征分类

(1)行为符号

　　内容会包含人的行为及行为的对象物。很多都会用到箭头和人的形象。

- 骑自行车
- 自行车比赛场地

- 向右转
- 前方有对象物

图 4-10

(2)性质符号

　　着重于颜色、形状、状况以及质感的表现。

　　能量残留量、天气情况、易碎品玻璃杯的图形,还有代表可燃垃圾的火苗图形等,其内容表现出对象物的状态。

图 4-11

（3）视觉符号

内容为对象物本身的形象。直接运用电脑、鞋子等的造型，或相关物的造型，引发观者去联想。

比如，手机里提示通话的符号，就是很早以前拨盘电话的听筒造型，实际上现在的电话已经没有这种形状的了。

图 4-12

（4）抽象符号

内容为现实世界本不存在的东西，或体现某种精神的图形。其中很多都是通过习惯、学习来进行普遍认知的。

比如心形、危险标记、禁止标记等，都是在相对长期、广泛的范围中被使用的。

图 4-13

这些非同类的符号很多都是相互交叉的。

比如，骑自行车的符号，就组合了自行车和人这样的视觉符号，以及行为符号。

像这样，在思考要如何进行表现的时候，可以将必要的信息进行分类组合。

　　下面是笔者归纳的分类坐标图,设计符号的时候可以以此为参考。

　　下面会讲到实际运用时,这些符号可以用在哪里。

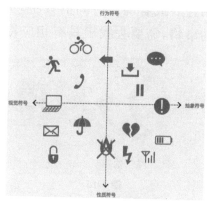

图 4-14　符号的分布图

3. 根据内容分类

　　之前讲了笔者对符号的分类,除此之外,符号还可以从不同的角度进行不同类型的分类。

　　这里按照什么时候(时间)、在什么地方(地点)、什么人(人物)、做什么(对象)、怎么做(行为)对符号进行分类,并直接展示按这些类型进行表现的例子,以及综合这些类型进行设计的例子。

　　介绍的时候,为了让大家了解这些符号通常是作为怎样的符号使用的,根据上文所述特征的分类,将每类符号的"一般分类特征"标记出来,大家可以结合起来看一下。

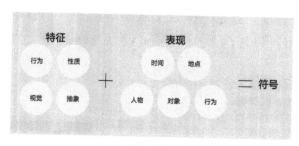

图 4-15

(1)时间的表现

表示时间或时刻的符号在设计时需要收集一些象征相应实践的素材。

不仅可以使用钟表或者确切时间的数字,也可以使用间接提示人们该时间段的事物,需要去找出具有相应特征的形象。

时钟　　　月·夜　　　睡觉中

图 4-16

设计地点的符号时,将作为对象的设施或场所直接符号化是比较多见的手法,在地图或者网站上也被频繁使用。

很多场所的符号化特征已经形成了固定模式,设计的时候追求标新立异反而不讨好。

家　　　寺庙　　　树·公园·森林

图 4-17

象征具体场所的事物,如游泳池或大海,就可以用救生圈来表现;如果是图书馆,就可以用书本来表现;如果是地铁站,就可以用列车来表现。素材不一定必须是该场所,也可以是那里必备的事物,找出可以作为象征的素材,然后转化为符号的效果是比较好的。

图 4-18

（2）人物的表现

公共场所中经常会看到很多关于人的符号,一般都是表现人的行为和状态。

有些用一个人物很难表达清楚的内容,则会使用多个人物进行对比。大人和孩子、男人和女人等同时出现的符号也是比较多见的。

图 4-19

（3）对象的表现

如果对象是某种物品,一般都会直接将物品的造型符号化,但有很多时候要表现的却是没有具体形状的事物。

要想表现电波、光、语言等,一般都会使用抽象形,形式也不固定。表现此类事物的时候,通常可以参考一些已经被大众普遍接受和认知的符号形式。

图 4-20 对象的表现

（4）行为的表现

此类中多为提示如何行动，表现发生怎样的变化等事物动作的符号。比较常见的有指示地点的箭头，还有可以做什么等辅助提示符号。

而形式上多为抽象形，也有比较漫画化的表现。和对象的表现相同，可以参考一些被大众普遍接受和认知的符号形式。

朝向·方向　　　　禁止　　　　点亮·发光

图 4-21　行为的表现

二、图形的发展历程

（一）原始图形

在没有文字记载的蒙昧时代，图形点亮了远古先民的生活。人们用图形记录自身的行为活动，并进行相应的沟通和交流。图形，这个带有传奇色彩的名词就这样走进了人类的生活。

人们在居住地附近的洞穴中刻画、勾勒、涂抹出现实生活中的飞禽走兽形象，或狩猎，或奔跑，或巫仪。在原始先民看来，动物形象画得越真实，他们控制被诅咒动物的能力就越强。他们希望通过这样的方式得到勇气和超自然的力量，从而获得自卫、狩猎等日常活动的成功。或许他们并不知道，他们的行为已经揭开了人类原始的图形探索之旅。

无论是法国的拉斯科洞穴岩画（图 4-22），还是西班牙的阿尔塔米拉岩画（图 4-23），距今都已有数万年历史，事实上，图像文化早在文字产生之前就已经是早期人类记录自然、信息传播和交流情感的重要方式，成为一种独特而有魅力的视觉语言，甚至可以说,图像还为文字文明的产生奠定了形象思维的基础。

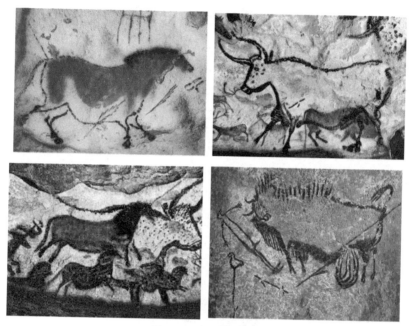

图 4-22　拉斯科岩画

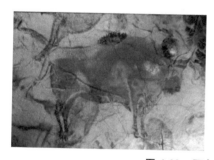

图 4-23　阿尔塔米拉岩画

如果说洞穴岩画还带有较多无意识的审美创作成分的话,那么,原始彩陶可谓人类有意识地表达对生活的感悟、憧憬,是人类发挥聪明才智,创造性地利用自然资源而进行的图形创造的胜举。

如舞蹈彩纹陶盆,该图形设计与人类早期的行为活动有直接关系,刻画出一组原始群舞的视觉形象(图 4-24)。

人面鱼纹彩陶盆,红色陶胎上用黑彩绘出人面纹和鱼纹,呈现出奇妙的人鱼合体形态(图 4-25)。

图 4-24　舞蹈彩纹陶盆

图 4-25　人面鱼纹彩陶盆

　　鱼纹彩陶中的鱼纹装饰多采用三角形,表明当时的装饰从写实走向了简洁的抽象(图 4-26)。

　　彩陶盆流畅松动的点纹、波浪纹装饰美观时尚,图形设计简洁,手法纯熟,是优秀的古代图形设计(图 4-27)。

图 4-26　鱼纹彩陶

图 4-27　彩陶盆

美洲明尼苏达岩刻表现了印第安人刻画出的梭镖、美洲野牛（图 4-28）。

美国亚利桑那州岩刻图中刻画了多个氏族部落符号，包括熊、云朵、玉米、兔子等（图 4-29）。

图 4-28　美洲明尼苏达岩刻

图 4-29　美国亚利桑那州岩刻

　　仰韶彩陶主要有各种烧制的日用器皿,包括甑、鼎、盆、罐、瓮等,以细泥红陶和夹砂红褐陶为主,常有彩绘的几何形图案或动物形花纹,如人面形纹、鱼纹、鹿纹、蛙纹、鸟纹等。图形形象生动逼真,具有代表性的艺术珍品包括水鸟啄鱼纹船形壶、人面纹彩陶盆、鱼蛙纹彩陶盆等(图 4-30、图 4-31)。

图 4-30　双人纹陶罐

图 4-31　鹳鱼石斧纹彩陶缸

　　早期的涂鸦行为在客观上促进了人类大脑思维的发展,更在不经意间点亮了人类联络和沟通信息的心灵之光。于是,人们开始用木炭、竹条等尖状物在石头、龟骨、兽骨等硬物上用图形刻写、占卜、记录,其中一部分原始图形就是象形文字(图 4-32 至图 4-34)。

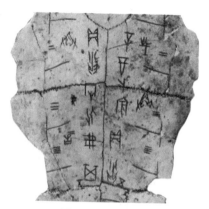

图 4-32　甲骨文

图 4-33　青铜器铭文

图 4-34　楔形文字

(二)走向设计的现代图形

图形的产生加快了文字的发展,而文字产生后又促进图形设计和创意的进一步发展,尤其是新技术的问世为图形设计的腾飞插上了理想的翅膀,比如印刷技术和摄影等影像技术的发展,为图形创意带来了更广阔的发展天地。

随着东汉蔡伦造纸术和北宋毕昇活字印刷术的发明,中国在宋朝出现了迄今为止真正意义上的图形广告设计——山东济南刘家针铺印刷广告,这也是目前世界上发现的最早的印刷广告(图 4-35)。

左图上部文字为:"济南刘家功夫针铺"。

中间文字为:"认门前白兔儿为记"。

下部文字为:"收买上等钢条,造功夫细针,不误宅院使用,转卖兴贩,别有加饶,请记白"。

图 4-35 宋代山东济南刘家针铺印刷广告

13 世纪,中国木版印刷术传入西方,到了 1450 年,德国人约翰·谷登堡研制成功了铅活字纸上印刷技术,从而加快了纸质大众媒体的发展。至此,主要凭借传统纸质媒体传播的图形设计开始大量出现。

1839 年,法国人路易斯·达盖尔发明了银版摄影术,极大地冲击了传统印刷创造的视觉世界。新技术凭借其价低质高、速度快的特点,成为当时图形创作新兴的表现手法,而被迅速推广。

达盖尔银版摄影术拍摄的巴黎街景,该作品摄于 1838 年,由于曝光时间较长,巴黎街头的喧闹已不见(图 4-36)。

图 4-36　达盖尔银版摄影术拍摄的巴黎街景

作为国际级平面设计大师，冈特·兰堡非常擅长运用摄影技术来表现设计主题。这一戒烟招贴作品中出现的烟蒂是运用摄影技术的成果，设计简洁，有极强的视觉冲击力（图 4-37）。

图 4-37　冈特·兰堡的戒烟招贴

这是冈特·兰堡的另一招贴作品《原子——你的朋友》（图 4-38）。

图 4-38　冈特·兰堡《原子——你的朋友》

　　事实证明,技术的更新和完善不仅能促进图形创意传播方式的革新,更能带来创意表现形式甚至是思维方式的变化。21 世纪,信息技术引发了全社会的巨大变革,不仅仅是科学技术领域的变革,更触动了整个意识形态和认知领域的深刻变化,人们的肉体、声音、形象、生活方式、行为方式甚至思想都正在被数字化复制、生产、改造,加快了电子通信、远程网络、影像和声像等电子技术的发展和普及。这是一个被信息包围的社会,一系列轻松化、智能化、人性化的操作,让人们可以自如地享受现代高度文明的成果,这就对今天的图形设计提出了更高的要求。

　　而计算机技术的出现更加快了信息社会的发展。现代计算机技术的出现改变了原来的图形设计模式,电脑图形设计开始大量出现(图 4-39)。

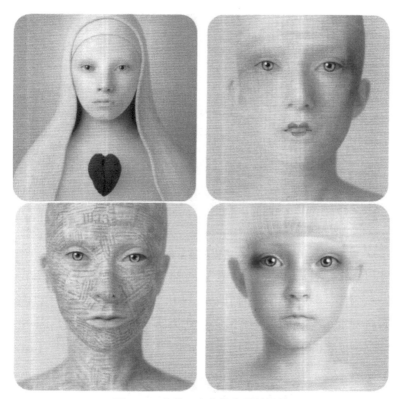

图 4-39　卡蒙·乌依数字图形设计

随着 1946 年世界上第一台电脑诞生于美国之后,计算机辅助图形设计迅猛发展,但电脑改变的不仅是技术手段,更是设计思想、设计语汇,这就是说,电脑、信息及其相关的事物都可以成为图形设计的对象、主角,借助各种手段,图形设计正在从现实走向虚拟,从静态走向动态,从民族走向世界。图形设计不仅是信息传递的重要方式,更是世界文化的重要组成部分。正如马克·第亚尼所说:"以电脑为中心的生活开辟了一条新的地平线。在关于技术的本质和后果的大辩论后,设计的作用将会在以后的若干年中戏剧化地增加。随着其重要性的扩大,设计的本质也要改变。"

折叠式笔记本电脑,超薄键盘设计,反过来就充当电脑盖,起到保护电脑屏幕的作用。该设计用简约大气的立体化图形语言传达着高雅、多功能的设计理念。电脑技术已经潜移默化地影响着人们的审美风尚(图 4-40)。

图 4-40 Y. L. 洛克罗莱苹果概念电脑设计

以色列著名海报设计师雷又西热衷于公益广告创作与设计。从这一名作中,我们不难看出,计算机设计已深入人们的内心世界,不再只是单纯的技术手段,更成为表达思想的符号,甚至是设计表现的语汇(图 4-41)。

图 4-41 雷又西海报设计

冈特·兰特一生经历了多个图形创作时期,他掌握了摄影和计算机技术,并有效地将二者结合。该作品中作者借助计机辅助设计分解了人的头部,如同各式各样的信息码,很是直观(图 4-42)。

图 4-42 冈特·兰堡信息的运用招贴

第二节 图形的审美表述风格

图形的表述着重讲述的是如何从技术层面解决图形的美感问题,而图形的表现则将目光集中在图形的展现风格上。图形的表现风格可分为:写实风格、几何风格、中和风格、动漫风格。

(一)写实风格

写实风格就是依照科学的透视和绘画原理,在二维平面上真实地再现客观现实物象的一种表现方式,强调逼真、真实。早期写实风格的图形受到写实主义绘画的影响,本着现实主义的精神,力求用严格的透视、明暗、线条精确地表现客观视觉。然而,当代写实风格的图形早已不拘泥于传统的"现实中的真实",随着20 世纪六七十年代超现实主义绘画的发展,当代写实风格的图形走向了"非现实中的真实",即用写实的技术和手法来表现主观想象的形象和场景。因此,当今写实风格图形可以是现实的真实,也可以是经过主观想象的更加逼真的真实,是图形设计师们表达喜怒哀乐等自然情感或抽象概念的一种写实表现手法。

如图 4-43 所示,该系列作为地方音乐会的宣传海报。海报中将文字围绕着乐器进行夸张变形而又大胆排列,使得海报的效果富有张力和感染力。在黑白的画面里我们既看到演奏者的认真神情,更随着文字那夺人眼球的创意排列感受到音乐的疯狂与动感。整张海报大方饱满,涵盖信息量大而又不是创意表现。在海报的感召下,相信音乐会牢牢印在每一个观赏者的脑海里。

图 4-43 写实风格的音乐会海报

(二)几何风格

几何风格图形是指用几何图形作为设计元素进行创作,呈现出一种简洁的、抽象的、规整的几何形式美感。几何风格图形的运用是极其广泛的,因为几何抽象图形最能表达"少就是多"的丰富效果,正如毕加索所说"单纯的美不是肤浅,不是粗糙、原始,而是最高的智慧和内在丰富的单纯"。康定斯基也曾说"方形、圆形、三角形将各自具有一种形象的表情力量"。在当今纷繁复杂的信息社会,几何风格的图形更能彰显它视觉冲击力强、简明易记,有利于减轻人们审美疲劳的优越性,如图 4-44 所示,(a)为福田繁雄的海报设计;(b)为德国工业健康和工作安全同盟设计的海报。

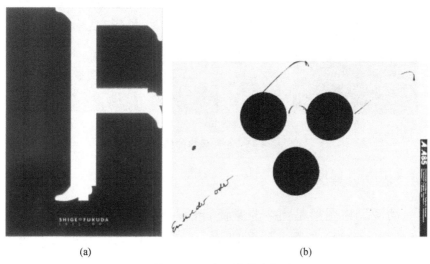

(a)　　　　　　　　　　　　　　(b)

图 4-44　几何风格的海报

(三)中和风格

中和风格图形是指介于写实和几何抽象表现之间的一种调和图形,既有写实风格图形的真实感、立体感,又有几何风格图形的简洁与现代,中庸而略带张扬,不失个性。

如图 4-45 所示,(a)为冈特·兰堡设计的展览招贴,作者用中和手法展现了一个古典人物形象,写实中带有现代装饰感;(b)为福田繁雄的海报设计,作者采用简洁又充满童趣的卡通风格来表现,好似儿童简笔画,充满了温情;(c)也是福田繁雄的海报设计,作者采用了中和手法来展现,简洁而又有真实感的手形组成了一个圆环。

 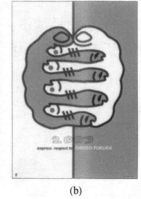 

(a)　　　　　　　　　(b)　　　　　　　　　(c)

图 4-45　中和风格的招贴

(四)动漫风格

动漫风格图形是当今非常流行的一种图形表现风格,它深受现代插画、漫画、卡通电影的影响。动漫风格因带有拟人和童趣色彩的夸张变形,而充满了亲和力,越来越受到创作者和受众的喜爱,如图 4-46 所示为 ATR 网站的海报设计,运用动漫风格表现网站主题,画面活泼、有趣。

图 4-46　动漫风格的网站海报

第三节　图形设计的创意思维与创意表现

一、图形设计的创意思维

图形创意设计的过程,是设计师根据主题要求,通过自己的联想与想象,以表面的一些现象为依据,找出它们的本质联系,并进行分析和判断,然后进行创意表达的过程。在这个过程中,思维发挥了非常重要的作用。图形创意设计的思维具体可分为垂直思维、相关思维、扩散思维、反常思维等几种方式。

(一)垂直思维

垂直思维是一种向纵深发展的连续的思维模式,它通常在一个固定的范围内,运用逻辑思维,按照一定的方向和路线,展开思考。运用这种思维方式进行图形创意设计,通常是设计师先根据确定好的创意设计一个图形,然后在设计好的图形基础上进行纵深思考,使图形趋于完善(图 4-47、图 4-48)。

图 4-47　对于日历的纵深式的思考,运用逻辑的方法进行想象

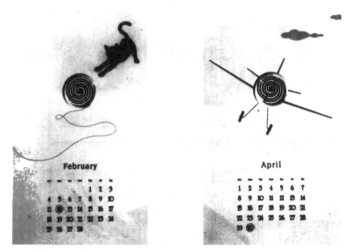

图 4-48　日历牌的图形想象,运用了垂直思维的创意方式

(二)相关思维

与垂直思维不同,相关思维是一种非连续式的侧向思考方式。它以事物对象为中心,先是寻找事物的相关关系,然后从中选择一个方向展开思考。它是对垂直思维的一种补充。图形创意设计运用这种思维进行思考,有三种方式。第一,对现有假设提出新的观点;第二,停止某一方向判断,而转换到另一角度进行创作;第三,围绕最基础的元素,运用不同表现手法,转换角度进行思考创作(图 4-49 至图 4-51)。

**图 4-49　以不同的表现手法对最基础的元素进行表达,
从而转换新的角度去思考创作**

图 4-50　点、线、面的不同表现手法,给图形创意新的思维角度

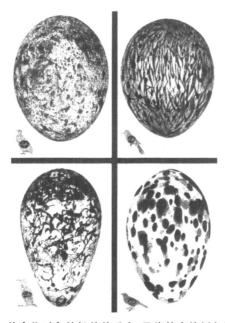

图 4-51　从食物对象的相关关系中,寻找答案的侧向思考方式

(三)扩散思维

扩散思维,又称为发散思维,它强调将思维过程中的"点"向相关方向进行多方面的辐射,从而形成思维的"面"。这种思维方式能够在较大的范围内进行思考,以获得更多的创新内容。它在具体的图形设计过程中,立足于原始的创作素材,运用多种思维方式,从多范畴、多角度进行更深层次的思考,提出创意的可能性、可行性,并加以对比、分析、改进、调整,从而得出完善的设计方案(图 4-52、图 4-53)。

图 4-52　将思维过程中的"点"向相关方向进行多方面的辐射

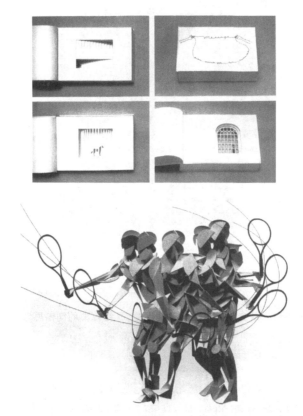

图 4-53　立体的表达方式使图形语言突破了二维的界限

(四)反常思维

反常[①]思维,是相对于以上提及的各种常规思维方式而言的,它试图从相反的方面来认识事物,从思维的对立面去寻求新的思维方法,打破旧有的"思维定式",建立起一种新的思维方式。

那些成功的图形设计作品,常常是用超出常理的构思,把人们从正常的视觉认识中解放出来,使人产生强烈的、全新的视觉感受(图 4-54 至图 4-56)。

图 4-54　强烈、简洁的图形表现给人全新的视觉感受

图 4-55　尝试着多样的创意的切入点

①　"反常"在辞典中的解释是"与正常情况相反"。从视觉传播的角度看"反常",正面效应大于负面效应。其原因就是:反常能引起人们知觉的震惊。

图 4-56　以"破"的方式打破材质的原有状态,寻找新的质感表达

二、图形设计的创意表现

(一)单个图形设计的创意表现

1.正负图形

正负图形是指借助图(正形)和底(负形)的相互反转、相互借用、相互依存的关系,设计出饶有趣味的图形。正负图形以《鲁宾之杯》(*The Cup of Rubin*)为代表(图 4-57);在中国古代,道家太极图也是正负图形的一个典型代表(图 4-58)。

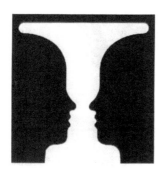

图 4-57 鲁宾《鲁宾之杯》　　　　图 4-58 太极

《鲁宾之杯》又称为鲁宾反转图形。多数情况下,当注视杯子的时候,这就是图形,黑色的部分就成了背景;但当注视两个头影时,那也成了图形,而白色的部分就成了背景。

黑白二色代表阴阳两方、天地两部;黑白两方的界限,就是划分天地阴阳界的人部。白中黑点,表示阳中有阴;黑中白点,表示阴中有阳。太极图是研究周易学原理的一幅重要图形。

正负图形的特点非常明显,就是将两种毫不相干的图形不可思议地结合为一体,你中有我,我中有你,黑白相衬,虚实共生,相互作用,相得益彰。正负图形中,特别强调图和底结合的统一性和巧妙性。图和底的关系有时追求的就是单纯的视觉转化后的趣味性,没有其他的附加含义;有时在满足图形趣味性的同时,还会追求图形含义的转化和提升,即通过正形和负形的结合,传达一种相近的或完全相反的图形内涵诉求。这类正负图形,就显得更有深度且更具有传达性。

在设计正负图形时,既要注意正形的刻画,也要重视负形的表现,两者一定要巧妙结合,融为一体。视觉转换的趣味性和巧妙性是正负图形设计成败的关键所在。在设计实践中,初学者往往把精力花在正形的刻画上,而忽视了负形。事实上,一幅好的正负形作品,负形也起着至关重要的作用,如负形过碎或有流动性会削弱正形的完整性与力度。

图 4-59 利用正负空间来表现弱肉强食的自然规律。

图 4-60 用蛇与女人的视觉转化,传达戏剧的主题。

图 4-59 Noma Bar 插画设计 *Negative Space*(以色列)

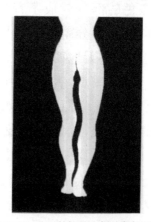

图 4-60 《女人与蛇》戏剧海报设计

2.悖理图形

悖理图形是生活中不可能出现的、有悖于常理的视觉图形。最具创造悖理图形的不是设计师,而是超现实主义画风的画家们。其中以西班牙画家达利和比利时画家雷内·马格利特为代表。

悖理图形是一种特殊的虚幻的图形形态,它将人们熟悉的、合理的和固定的程序移植于逻辑混乱且荒诞的反常图形中,用不合理、违规、荒诞的图形,表达隐藏在图形深处的含义。

追求视觉变化是悖理图形产生的缘由。悖理图形的设计形式多样,可以通过创造性思维以及从日常生活中那些习以为常、司空见惯的现象中寻找最佳元素,并作大胆的、天马行空的变异和创造,形成具有视觉吸引力的有趣图形。

图 4-61 中,荒芜的沙漠里,树木长在桌上,白云飘在树上,这样的情景,现实中不曾有过。

图 4-62 中,书上的手有支笔,这支笔将书的一维空间向整幅画面的三维空间转化,自然而有力。笔在背景上写出出版社的名字,宣传意味油然而生。这种视觉的空间转换自然地引导观赏者的视线,并最终定格在上面的字母上。

图 4-61　马格利特布面油彩招贴设计

图 4-62 冈特·兰堡

3. 混合图形

混合图形是指将若干种相关或不相关的物形组合在一起,形成各种物形的混合体,这种奇怪的混合体就是混合图形。最著名的混合图形就是中国古代龙的形象(图 4-63)。它是由许多动物的某些器官组合而成的有机统一的整体,但在世界上并不存在这样的动物。还有人们熟悉的公元前 3000 年埃及的斯芬克斯雕像(图 4-64)。

龙在中国的神话与传说中,是一种神异动物,其蛇身、蜥腿、凤爪、鹿角、鱼鳞、鱼尾,口角有虎须,额下有珠。前人分龙为四种:有鳞者称蛟龙,有翼者称应龙,有角者称虬龙,无角者称螭龙。

斯芬克斯雕像(又称狮身人面像)高 21 米、长 57 米,耳朵就有 2 米长。除了前身达 15 米的狮爪是用大石块镶砌外,整座像是在一块含有贝壳之类杂质的巨石上雕成。面部是古埃及第四王朝法老(即国王)哈夫拉的样子。相传公元前 2611 年,哈夫拉到此巡视自己的陵墓——哈夫拉金字塔工程时,吩咐为自己雕凿石像。工匠别出心裁地雕凿了一头狮身,而以这位法老的面像作为狮子的头。在古埃及,狮子是力量的象征,狮身人面像实际上是古埃及法老的写照。雕像坐西向东,蹲伏在哈夫拉的陵墓旁。

由于它状如希腊神话中的人面怪物斯芬克斯,西方人因此以"斯芬克斯"称呼它。

图 4-63　龙的形象

图 4-64　埃及斯芬克斯雕像

　　由各种图形组合而成的混合图形,是一个全新的视觉形象,它的各个局部图形虽然互不相干,但在设计时要注意用某种方法将它们捏合在一起从而形成一个完整的视觉图形。混合图形设计完成后,一般会赋予其新的含义。

　　在设计混合图形时,要注意各局部图形之间的差异性,局部图形之间相差越大,其图形新颖度就越大。但也要注意,局部图形的结合必须巧妙,应做到天衣无缝。

一位宗教歌手的形象与美国国旗的组合,传达音乐与天使和平的主题(图 4-65)。

贝司与人物、颜料等图形的组合,体现音乐的丰富性(图 4-66)。

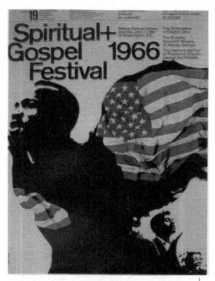

图 4-65　金特·凯泽招贴设计《歌手与和平》

图 4-66　金特·凯泽招贴设计

同构图形是指将若干个毫不相干的图形,通过某种方式组合在一起,形成一个新的完整图形。同构图形的设计理念和方法最早不是设计师的首创,而是来源于超现实主义画派。近一个世纪来,超现实主义画家们的作品精彩、绝妙,以至于后人无法超越,只能借鉴或临摹。

同构图形是由几个图形组合而成,虽是组合,但不是简单、生硬的图形拼凑,而是一种图形超越或突变,形成一种强烈的视觉冲击力,给观者强烈的心理震撼。

图形同构的前提是这几个图形之间存在潜在的形态联系的可能性,或具有意义上的内在联系。在设计同构图形时,可从两个方面着手:一是从图形的外形考虑,观察图形之间是否存在可以结合的共通的地方;二是从图形的含义上思考,注重图形内在含义的关联性,从而将它们同构。

瓶子与胡萝卜的结合,半个多世纪前的作品,画家独特的创意,令人叹为观止(图 4-67)。

图 4-68 是一棵由铅笔屑所构成的树,其含义是如果我们现在不爱护我们的环境,在不久的将来我们所看到的树木将是这个样子。同时也说明我们的环境现在已经遭到很严重的破坏。

图 4-67 马格利特油彩《说明》(1952)

图 4-68 《爱护我们的环境》招贴设计

4.异构图形

（1）置换图形

置换图形是指依据创意表达的需要，将图形的某一个局部用另一个图形替换而形成的新图形。

置换图形的显著特点在于"换"，即局部的替换，而不是整个图形的改造。它和同构图形的区别在于同构图形更注重于不同元素间的组合，要求整个图形的完整性即各个图形之间结合得"天衣无缝"；而置换图形只是局部的改变，因而常被称为"偷梁换柱"。它们的相同点都是通过对图形的改造，使熟悉的事物变得新奇，陌生的事物变得熟悉。

在设计置换图形时，保持原有图形的基本特征，把其中某一部分用其他的图形加以替换。但是，新的图形不光是形态发生了变化，更重要的是内涵也发生了变化，赋予了图形新的含义（图 4-69、图 4-70）。

图 4-69 中将人头置换成握金钱的手，反贪倡廉的海报主题一目了然。

图 4-70 是一则关于首饰的海报，设计者运用替代的手法，把

项链替换成人的一双手,轻抚及关怀,表达了此品牌的首饰带来的最真挚的承诺和保障。

图 4-69 《举报》海报设计

图 4-70 首饰广告

(2)混维空间

图形的创意设计有很多的神奇之处。例如,我们在平面的图形中看到了立体空间感,这是一种借用二维的视觉空间创造三维视觉空间的手法。混维的异构方法让视觉有一种被欺骗的感觉,陷于一种视觉困境中。这种方法主要利用了大小、重叠、颜色、肌理等来表现空间感(图 4-71)。

图 4-71 福田繁雄作品

(3)矛盾空间

图形中的视错觉往往是由矛盾空间来表现的,这类图形是利用人的视错觉,通过有意转换、交替视点来违反正常的透视规律和空间观念,这种空间是不可能存在的,只有在假设的空间中才能存在。荷兰著名的艺术家埃舍尔的作品可以说是营造了"一个不可能的世界"(图 4-72)。

图 4-72 埃舍尔相对性

矛盾空间的运用,具有一定的荒诞和奇特效果,它打破了人们固有的思维模式,有着错位连接、虚实相混等手法,产生一种让人意想不到的视觉感(图 4-73、图 4-74)。

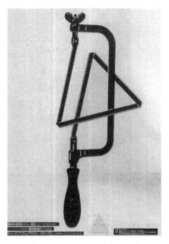

图 4-73　矛盾空间　　　　　图 4-74　福田繁雄锯齿

（4）特定形

特定形指对某一个具体的事物进行想象,使事物能由二维空间向三维空间延伸,目的是扩展事物的特点,并且产生深刻、更含蓄的意义,同时在视觉上给人新颖的视觉感受(图 4-75、图 4-76)。

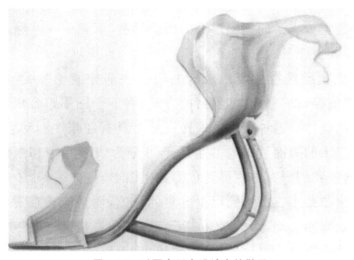

图 4-75　以百合形态设计出的鞋子

图 4-76　在皮鞋基础上加上表情设计

5.同构图形

同构图形是将两者或者两者以上的图形结合在一起，它们相互间存在着共同特点或相似的元素，按照逻辑来进行设计。同构图形的手法也很多，但都有一个共同的特征，那就是形象化地突出某种观念、个性，并且可以揭示事物与事物之间的本质联系。现在同构图形不仅仅在平面设计中运用，同样也可以用到摄影、动画等视觉传媒。同构图形分为四个类型，下面一一说明。

（1）共生图形

共生图形是指形与形之间共用一些部分或轮廓线，相互借用、相互依存，以一种异常紧密的方式，将多个图形整合成一个不可分割的整体。这种表现方式在视觉上具有趣味性和动感，能产生以一当十的画面效果。共生图形可分为依形共生和依意共生两类，这里我们研究的主要是依形共生图形。

共生图形不仅能达到以少胜多的目的，而且能让观赏者的视觉中心点来回移动，产生"物体是运动着"的视错觉感受。共生图形中的共用部分，不仅可以是轮廓线，也可以是字体的偏旁部首，都可以设计出有趣的新图形。

共生图形的设计打破一条轮廓线只能界定一个物象的现实，

设计时要首先确定作为整个图形的共用部分,即共生形,然后巧妙地将其叠合,简化后组成共生。共生图形分为局部形共生和偏旁共生两种。

三只兔子共用三只耳朵,呈奔跑状。自然界中三只兔子本来有六只耳朵,但设计者巧用匠心,提炼出兔子可以共用的同构形——耳朵,这三只兔子的耳朵被放置成三角形,便能让兔子首尾相接地追逐奔跑。同时利用极具动感的波纹线,将兔子奔跑的状态表现得淋漓尽致(图4-77)。

把三条鱼的鱼头作为整个图形的同构体,并处于视觉中心部位。图中的三条鱼本来有三个头,但设计者巧妙地将鱼头同构,同构的鱼头呈三角形状,并呈鱼尾发散状对称排列,且三个鱼身都依靠一个三角同构鱼头完成其形体的完整性,三鱼共头共生(图4-78)。

图4-77　敦煌藻井图《三兔共耳》

图4-78　汉代画像石《三鱼共首图》

将花钱铸成铜钱的形状,以中间口字形为共生偏旁部首,四边分别印有"隹、五、矢、止"四个字。然后把口字和这四个字分别组合,就共生成"唯吾知足"。这是告诫人"知足者常乐"的古训(图4-79)。

（2）延变同构

延变同构图形强调的是图形的变

图4-79　吉语钱"唯吾知足"

化过程,渐变的图形可以是单一的,也可以是正负形相互递进转换而形成的过程渐变(图 4-80、图 4-81)。

图 4-80 品牌宣传海报轮廓

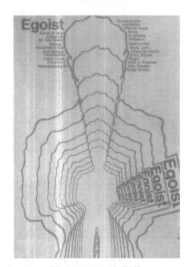

图 4-81 延边同构

延变同构图形是设计师把自己的主观意念和心理,通过同构物体的每一个变化来反映出来。我们在欣赏的时候要去感受形象本身的意义和内容变化,从而来感受设计师的思想。荷兰埃舍尔就率先利用了渐变同构的创意来设计图形(图 4-82)。

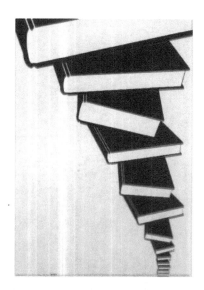

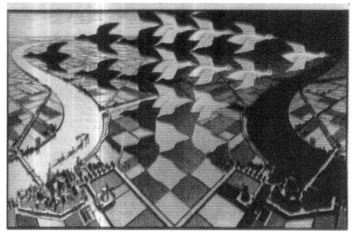

图 4-82　延边同构

（3）异物同构

异物构图是把不相关的物性组合在一起,但是可以从一个图形联想到另一个图形,从而来表达不一样的内容。

这是利用人们的想象力,对事物的联想使不一样的事物产生关联,这种手法是用幻想与现实结合的思维来揭示对事物深层次的理解与感悟。其中图 4-83 利用了枝干与绿叶来构成小号的形态,可以联想到这是音乐来自于自然,是充满新生命的、充满活力的。

图 4-83

（4）字画同构

字画同构图形是用字构成图形，或者把图形加入文字中构成图形化文字，字画同构的表达方式可以展现视觉形象的外观形状，也可以使单一的文字变得丰富多彩，还可增强图形的可读性和趣味性（图 4-84）。

图 4-84 《R》字画同构

6.重构图形

重构图形是把一种图形或多种不同的图形按照一定的方向、位置、大小的变化进行重构(图 4-85、图 4-86),根据形象之间的内在关联性,来重复组合或者系统组合,从而产生与原来不一样的新形象、新观念的图形。

图 4-85　戏剧原色的重构图形

图 4-86　常见图形的重构

这种构图不是简单地随意摆放,是设计师们从分散、无秩序和毫无观念的图形中提取出来的元素,并且通过合成、聚集等表现手法将它们组合在一起。这种表现手法能给人丰富的想象空间，并且从中体会到图形的象征、借喻、暗喻等艺术手法，将看似不合逻辑的事物重新组合，产生合乎逻辑的图形。

（1）一元聚集重构

将某一单元进行重复放置，重复组合后的外形和单元形式是完全不相同的两种形态。因此，图形显得生动有趣，并且能够给人们足够的想象空间。运用聚积组合的形式能够创造出新奇的、充满生命活力的图形（图 4-87、图 4-88）。

图 4-87　菱形的聚集重构

图 4-88　波浪线的聚集重构

（2）多元聚积重构图形

多元聚积是把相关的一些不同形态的图形结合在一起，进行意象的组合，又称"复合图形"和"意义合成图形"等。这种图形是借助了许多的元素聚积在一起，传达新的信息和观念。将各个枯燥的事物运用得巧妙、恰到好处，也能创造出好的作品，这种艺术表现手法，给人丰富的创意空间，使图形的寓意更加广泛（图 4-89、图 4-90）。

图 4-89 多元聚积重构图形

图 4-90 以动物形态为主的聚集重构

（3）透叠重构图形

利用图形之间的类似性，由两个或者是两个以上的图形进行叠加。这种类似性属于经历的类似，意义和结构、形状的相似。透叠重构图形会有着透明感，保留了各自图形的轮廓、空间、对比等关系要素的构形手法，能产生奇妙、幻觉的效果（图 4-91、图 4-92）。

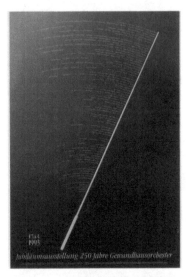

图 4-91　字母为设计的光影效果

图 4-92　头像剪影

7.解构图形

解构图形是将我们平时熟悉的事物刻意分解、有意识地破坏,并且重新寻找新的认识,或者说破坏后的事物重新组合并且获取新的观赏性。

这种图形的本质重点是被解构的部分。通过被解构的部分让人们去感受它所带来的某种暗示。被解构的图形并不是残缺的,相反能够加强图形整体性与装饰性。

(1)残像结构图形

将完整图形的一部分进行遮盖,让破坏的局部形象和主体形象之间能保持着一定的联系,同时也要看得出图形的完整性(如图 4-93)。

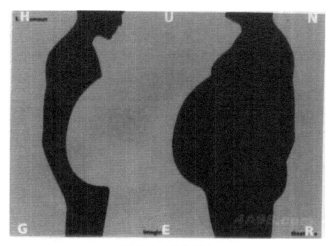

图 4-93　残像解构

(2)裂像解构

裂像解构是指将完整的图形,进行有目的的割裂分离、分割移位或破碎处理等,然后利用理性来构成完整的意向。自然界中有许多旧事物都是在不断裂变和破坏过程中建立的,在破坏的同时能够将这种人为的组合变成一种天然的巧合,把人们觉得不可能的,变成一种有可能的图形。裂像的图形会让人产生视觉上的震撼力和恐惧感(图 4-94、图 4-95)。

图 4-94　手腕裂像图形

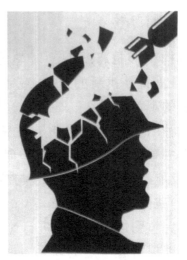

图 4-95　人与战争

（3）切割解体

通过对切、十字切、螺旋切等手法将切割的部分分别插入不同的内容中，使图形作品无论在什么形式上，还是内容上均能产生刺激、新奇和意想不到的效果（图 4-96、图 4-97）。

图 4-96　小提琴碎块拼接

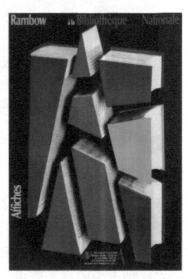

图 4-97　书体切割图形

8. 模仿图形

模仿图形是指利用客观世界中存在的一件事物作为模仿的对象,并在模仿的对象之间寻找连接点,运用比喻的手法来发挥想象力,制作图形。

(1)仿形图形

利用存在的事物形态作为创作仿形图形的元素来进行模仿,把原有的元素变成模仿图形的形态。这样的图形富于个性和幽默感,给人想象的空间(图 4-98、图 4-99)。

图 4-98　感叹与鞋印

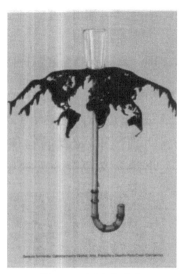

图 4-99　雨伞与水杯

(2)仿影图形

仿影图形中的"影"指的就是影子,是物体在光的作用下产生的投影。有什么样的形状便会有什么样的影子,形态与影子有着一定的联系。仿影图形打破了固有的逻辑思维,通过创意来改变物体的影子形态,有意识地改变投影的形状,并给人具有魔幻力的视觉感受(图 4-100、图 4-101)。

图 4-100　男人与女人仿影设计图形

图 4-101　人形仿影图形

（3）仿结图形

"结"是通过外力把绳、索或纺织物进行弯曲、变形、打结而获得的。将我们平时看到的物体或具有生命的物体产生"结"的变形，表达出的含义也会令人深思（图 4-102、图 4-103）。

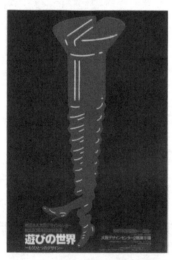

图 4-102　福田繁雄《周游世界》

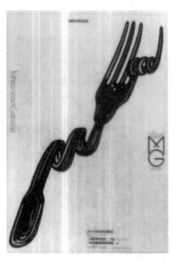

图 4-103　福田繁雄《叉》

9.寓意图形

寓意图形是运用比喻、象征、夸张和幽默的手法,借助别的物体来表达出隐含意义的一种形式,使其中的一件事物得到映照和揭示。寓意图形是常见的一种表达方式,既能抽象地转换具体的事物形象,也可以将寓意变得更有说服力(图 4-104、图 4-105)。

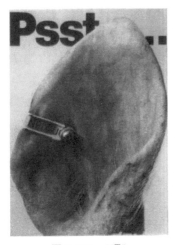 

图 4-104　《喂》　　　　　图 4-105　《眼睛与别针》

悬念图形就是让人们看了图形之后,心中会留下悬念。在创意设计中这种图形可以激发欣赏者的兴趣和兴奋。设计者制造出离奇古怪的图形来吸引人们,并且留下疑问给人们想象的空间。这种手法会令欣赏者记忆犹新,久久不能忘却(图 4-106、图 4-107)。

图 4-106　《险恶》的电影宣传海报

图 4-107 《独行侠》的电影宣传海报

（二）系列图形设计的创意表现

在图形创意中，为了使概念表达得更充分、更全面，设计师往往会利用连续的图形去演绎意义，使图形语义传达得更完整、更有力度。这要求设计师要善于进行连续性的思维创造，将图形观念反复强调或层层推进，或从不同侧面多角度、立体地说明表达一种事物或观念，形成系列。

所谓系列，顾名思义，就是图形要成套、要统一、要和谐。分析概念的多重性质元素，找出其各个特点作为切入点，全面展开思维，学会举一反三，把握整体，突出局部性格，分别说明问题或层层说明问题，以加重视觉表述，制造视觉震撼。

在视觉表达上，统一均衡和新鲜变化是系列图形间统一格调、创造新鲜的两个方面。均衡整齐的图形系列形成一个新的大整体，增强图形的视觉感染力，但过分的图形均衡会使图形间的形式产生雷同感，显得单调乏味。适度的变化可以使系列图形在统一的均衡格调下保持各自独特的形态语貌和特有的新鲜情趣，相互呼应、相互萦绕、相互支撑地表达信息观念。运用系列图形可以极大地增强语言的气势，表现广阔的思想内容，给观者更强烈的感染。

1.连续性的视觉表述

系列图形按照一定的逻辑事理顺序相互承接,仿佛由一联想到二,再联想到三、四等,以此类推,具有思维的递进关系,像链条般环环相扣、层层推进。特点是连续地表达意义,整体性强,整个系列缺一不可。

图 4-108 清晰明确的熊猫图像正在逐步地融化开来,渐渐地渗透扩展成满目的黑色墨迹——熊猫消失了。设计师以紧密相连、秩序连贯的系列图形,富有意味地营造出满目凄凉的视觉景观,深刻地表达出拯救生态自然的心声。

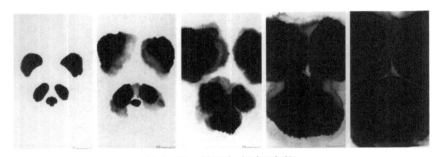

图 4-108　刘正法、杨杰《消逝》

"Air—G"(图 4-109)是札幌电台"北海道调频"的名称,听众以 20 岁至 30 岁办公室女郎及家庭主妇为主,电台形象亲切友善。海报由"A""I""R""G"四个英文字母分别构成整体来代表"Air—G",同时以音符为基本图案,以字母构成独特的面孔,趣致可爱,迎合了女性听众的品位。这是有绝对秩序的、连续展示的文字图形。

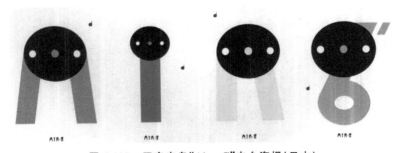

图 4-109　正幸寺岛"Air—G"电台海报(日本)

2.选择不同的侧重点分别描述

在图形设计中,有时为了更完整地表现主题概念,可以分析同一主题不同侧面、不同角度的不同性质,全方位、多角度地分别加以表述,形成更全面的视觉形象。

该类系列图形概括全面、周详严密,分别从各个侧面反复铺排,淋漓尽致地渲染图境。

图 4-110 利用不同的视觉符号和不同的表述角度,各个方位地表达中国精神。每幅海报各具形式特点,但贯穿其中的是不同的中国元素,成为连续表意的系列整体。

图 4-110　吴轶博《中国精神》

图 4-111 设计师分别将生活中熟悉的道具——衣架和小鸟、茶壶和茶杯、洒瓶和启瓶器颇具意味地联系在一起,与众不同的表现使它们不再寻常,画面格调清新,从各个角度生动地表现了活的艺术。

图 4-111　黄安《活的艺术》

3.各方面元素平行展开

图形创造时,为表达同一主题意念,可以用多个不同的图形形态分别表达,以营造强大的视觉气场。仿佛语言语法中的排比句,用同样的方式,用不同元素反复强调主题意义,使相互平行的视觉元素分别和本体发生关系,产生平行的视觉联系,用各种表现方法达到同一目的。

它要求各个图形独具形态特色,同时各个图形又可以传递出相同的信息语意,形成形式通畅一致的系列图形。

图 4-112 用丰富、生动的想象结合不同的形式说明再生纸的利用价值和优点;(左图)书卷里长出繁枝茂叶,表现再生纸的文化韵味;(中图)树根与树叶构成人物形象,表明再生纸有利于人与自然的和谐发展;(右图)树叶的筋脉由各式各样的瓶子等废弃物构成,说明再生纸的再利用使资源得以充分利用,利于环保。

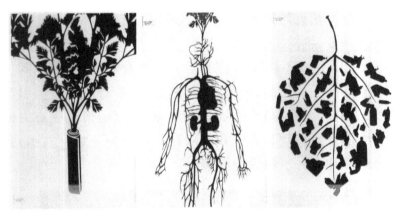

图 4-112　李根在旭钰企业——双 E 再生纸形象推广

图 4-113 设计者根据不同剧情,采用统一的表现格调,富有意味地表现了莎翁戏剧——福斯塔夫、李尔王、哈姆雷特等视觉图形。

图 4-113　扬·勒让德莎士比亚戏剧(法国)

4.不同时期的连续创造

一种品牌顺应发展需要,在不同阶段有不同的图形宣传,也有一种常年定期主办的活动宣传,如连续举办的运动会、艺术展、音乐节、电影节、博览会,或如瑞士设计大师尼劳斯·特罗勒先生在不同阶段设计的音乐招贴。

其传递的信息始终不变,但每次的视觉创造都要适应当时社会环境的需要,推陈出新,营造新鲜感。

图 4-114 用各不相同的表现手法延续着期刊的设计,既保持了期刊整体统一的思想、风范,又制造出各期不同的特色,引起人们持续的关注。(左图)人物的头发被锁链替代,形成强有力的视觉感;(中图)透过旗帜,人像和旗帜若分若合为一体;(右图)打叉的符号中呈现出一双敏锐的眼睛。

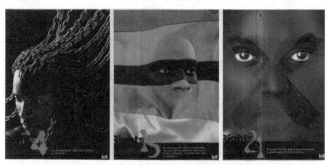

图 4-114　夏茨·马维亚纳·戴维斯-津巴布韦为
"Rights"期刊设计的不同阶段的海报

图 4-115 这两幅分别是日本第 80、81 回 ADC 设计展的招贴。(左图)招贴图形以代表设计的丁字尺和胶片同构,创意地表现设计;(右图)竖起大拇指意为称赞叫好,而大拇指巧妙地被转化成自由女神像更进一步表达创意的自由和广泛性。两幅作品创意元素不同,但都以统一的风格延续表述出同一设计主题。

图 4-115　青叶益辉 ADC 设计展招贴(日本)

西班牙国家戏剧中心在不同的时间,针对不同的戏剧宣传,采用极为统一的海报形式风格,干净的画面,简洁的构图,充满想象和创造力的图形,营造出富有视觉魅力的系列海报(图 4-116)。

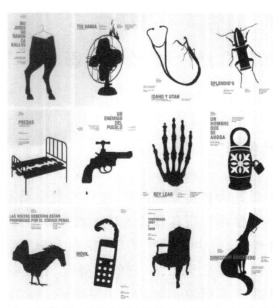

图 4-116　圣伊西德罗·费雷尔西班牙国家戏剧中心系列海报(西班牙)

第五章　视觉设计中的色彩情感与配制

正如著名艺术家、理论家和教育家约翰·伊顿所言："不论造型艺术如何发展,色彩永远是首要的造型要素。"很少有东西能像色彩这样具有如此强烈的视觉刺激。因为色彩是因光波反射而产生,而且是从一个不够全面的器官即眼睛传递给另一个不够全面的诠释机构即大脑,所以由色彩传达的含义也是极为主观的。人类对色彩的感知是很广泛的。而我们见到色彩后,又会如何来处理它们,这实际上又是另一个问题了。如果我们希望通过控制色彩来达到传播的目的,这要取决于我们如何来理解色彩的视觉要素是如何发挥作用的。

第一节　自然色彩、绘画色彩与设计色彩

一、自然色彩

自然色彩就是大自然中的色彩,指自然发生而不依存于人或社会关系的纯自然事物所具有的色彩。如薄暮的黄昏、艳阳的正午,黄色调的沙漠、蓝色调的大海,棕褐色的秋季、银灰色的冬季……自然色彩是变化无穷的,它们在昼夜、春夏等自然变更中会呈现出不同的色彩面貌。

在科学技术高速发展的现代社会,人们的视野已扩展到包括整个宇宙在内的宏观世界和微观世界。通常我们又把自然色彩

归纳为动物色彩、植物色彩、风景色彩等。

　　人们记住孔雀一定是因为它迷人的孔雀蓝,提起老虎肯定会想到色彩斑斓的虎纹,物种繁多的动物世界给了我们一个色彩万花筒。达尔文的进化论观点告诉我们,动物的色彩与它们的生存繁衍有着密切的关系。例如,蝴蝶身上的色彩有些酷似枯叶,便于在树丛生活,有保护自身的作用;有些色彩图案形似一对大眼睛,小鸟来啄食时乍一见,还以为是什么猛禽藏在这里,就在它迟疑的瞬间,蝴蝶已溜之大吉——这种色彩及图案为它赢得了逃跑的时间。为了和自己生活的环境相适应,动物们都穿上了色彩伪装。这些有着漂亮翅膀及花斑的昆虫,羽毛颜色丰富的鸟类,色泽多样的鱼类等,动物生动、奇妙的色彩及其组合,加上不同肌理的表现,给我们提供了一个学习和研究色彩的天然宝库。

图 5-1　动物色彩

　　人类与植物有着千丝万缕的关联,从远古时代人们食野果果腹、披树皮遮羞御寒,到用苎麻纺纱、用靛蓝草染布,植物用它的花、叶、果、茎丰富着人类的生活。当我们看到红色的木棉、梅花、美人蕉,紫色的丁香、牵牛花,粉红的海棠、荷花,黄色的迎春花、菊花……我们往往被它们缤纷的色彩所吸引。植物色彩,为人们的物质与精神生活提供了最直观和便捷的资源。

图 5-2 植物色彩

四季交替、日月更迭，大自然赋予人们变幻莫测的时空，于是便有了各种应时的风景。人类享受着自然的恩惠，自然的风景也是最能给予人精神慰藉的。从某种意义上来说，风景与人类的生活息息相关，甚至能塑造一个民族的性情。

大自然的色彩缤纷而绚丽，赋予我们生活的热情，激发我们创作的灵感。湖水亦真亦幻的色彩随着微风吹拂，变幻莫测，大自然就是最高明的色彩大师。

二、绘画色彩

绘画是最早用来记录人类活动的手段之一。原始先民把劳动、祭祀、游戏以及各种生活场景运用绘画的形式描绘在洞穴、器具和自己身体上之时就运用到了色彩。随着社会经验的不断积累，人类对精神表达有了更加独立的需求，用色彩来诉求复杂的精神层面是许多艺术家追求的目标。尤其在 19 世纪后期，照相技术的发明使画家能够摆脱以绘画承担记录作用这一重任，不再关注事物的现实意义，色彩就此得以独立地出现，成为艺术家们对人类精神进行广泛研究与深入探索的工具。

绘画色彩更通俗地讲可以理解为写生色彩。通常来讲，只要表现出写生对象的色彩特征即可,通过研究色彩的基本规律来研究其不可重复性,强调的是感性处理。其过程也主要是凭借个人感性来寻找理想画面,是一种纯感性的方法。它不用与写生对象之外的其他环节发生关系,绘画是更为自由、抒情的表达自我的一种艺术手段。色彩是绘画表现的重要手段,是绘画形式语言重要的元素之一。

图 5-3　绘画色彩

三、设计色彩

设计色彩是伴随着设计的出现而产生的。设计色彩是不能独立存在的,它是设计的重要组成部分,是与设计产品的形态、材质共同存在的。当然,它可以是单列的一个色彩设计方案,更多时候,它是与设计同时呈现在各类设计方案之中的。

1919 年 4 月 1 日,在德国魏玛建立的包豪斯设计学院(Bauhaus)是世界上第一所完全为发展现代设计教育而建立的学院,开了现代设计教育的先河,其知识与技术并重、理论与实践同步的教育体系,至今仍影响着世界设计教育。包豪斯的创办者兼校长瓦尔特·格罗皮乌斯(Water Gropius)亲自制定了《包豪斯宣言》和《魏玛包豪斯教学大纲》,按照宣言和大纲,包豪斯教授伊顿的设计色彩课程,至今仍是设计色彩教学的基础构架和典范。作为一种设计体系,它在当年风靡整个世界;在现代设计领域中,它的思想和美学趣味几乎整整影响了一代人。①

设计色彩伴随着设计门类的不断发展丰富而有着自己的发展,从传统的设计如平面设计、装潢设计到视觉设计、工业设计,再发展到动漫设计、城市色彩设计等,从平面到立体,从单一到多元。伴随着科学技术的进步,设计色彩中色光的学习与研究从无到有,光的色彩在我们生活中无处不在,它不仅影响着人们的生活,还为世界增添了光彩。光的色彩有其自身的特性,形成了其特有的表现效果,为我们研究和探索色彩的变化提供了广阔的空间。它可以不断地转换我们的视觉位置,向我们传达其特有的色彩信息和色彩语言,使色彩形成极大的表现力和视觉冲击力。色光对形态强烈的影响可以使色彩变幻无穷,利用色光的特殊性进行色彩的表达和创意,可以使设计达到一种出其不意、丰富多彩的视觉效果。在现代生活中,多媒体技术的发展及电脑的普及应用使人们的生活方式和消费理念都发生了翻天覆地的变化,个性化、数字化的生存概念成为一种时尚潮流。在科技强有力的支持下,多媒体的应用极大地丰富了色彩的研究领域和色彩的表现手段,满足了现代社会中人们对色彩设计空间的需求,使许多的不可能变成了美好的现实。

设计色彩是现代设计活动的重要内容。设计本身就包含着预先制定的图样、方案的意思,设计色彩也一样,是预先就必须对设计物有一个周密的、人为的、有创意和生命力的方案。设计是在一定的设计理念指导下进行的,因此,有什么样的色彩设计理念,就会在实践中运用什么样的色彩。

---

① 袁恩培,贾荣建.设计色彩[M].北京:机械工业出版社,2010

第二节 设计色彩的物理原理分析

一、色彩的种类

色彩也有分类。显示器上的画面和印刷在纸面上的色彩不同是因为显色方式不同。

显示器画面显示的色彩根据设备性能会有所不同。

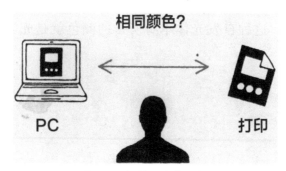

图 5-4 颜料无法表现光

由于显色方式的改变,颜色也会有变化,有可能会变暗淡。

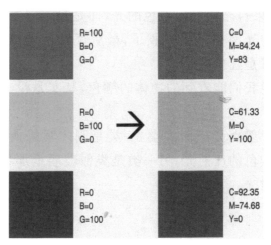

图 5-5 显色方式的改变可能造成颜色的变化

色彩在设计中占据重要的地位。

本章通过实际配色的示例,讲解构成色彩的要素、具体颜色给人的感觉,以及颜色的使用。

与色彩相关的理论可能在生活中很少会被察觉。有关色彩理论,首先来了解一下颜色的种类、电脑与印刷品中显色的不同。

(一)光源色与物体色

一般来说,我们的眼睛看到的颜色大体可以分成两类——光源色和物体色。

光源色正如其名,是光源发出的色光。比如,放烟花的时候会炸开红色、蓝色等火光。汽车过隧道的时候,隧道里的灯光基本是橙色的。这种自发光体本身所带的颜色就是光源色。

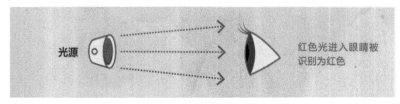

图 5-6 光源色

相反的,物体色可以看作是物体的颜色。

当光打到物体上时,物体会吸收特定的色光。比如红色的苹果,并不是苹果自己会发出红色的光,而是打到苹果上的光,除了红色光之外的光都被苹果吸收了,最后仅红色光被苹果反射,使我们看到苹果是红色的。

也就是说我们能看到的物体的颜色,其实是没有被物体吸收的颜色。

物体色一般也分成两大类:一类是刚才苹果例子里所述的,仅反射特定颜色的反射光;另一类是类似玻璃纸那种可以透过特定颜色的透射光。

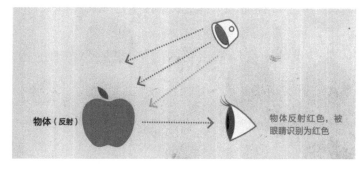

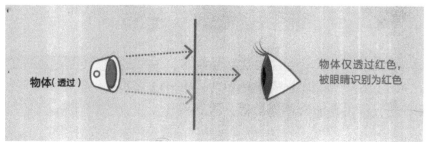

图 5-7　物体色

（二）光的三原色（加法混合）

光源色中，能被人的眼睛所感知的色光被称为光的三原色，这三种颜色分别是 R（红色）、G（绿色）、B（蓝色）。这三种颜色相互混合，会越混合越明亮，最终趋近于白色，这被称作加法混合。

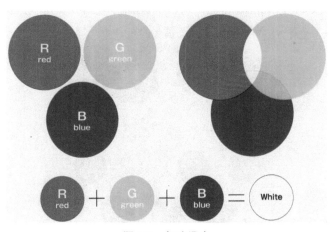

图 5-8　加法混合

RGB 中,R＋G 生成 Y(黄)、R＋B 生成 M(洋红)、G＋B 生成 C(青)。

这些都是设计中会经常用到的颜色,之后会详细进行介绍。

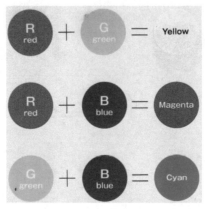

图 5-9

在家电卖场可以看到摆成一排的电视机,一般都会同时播放着相同的画面。很多人会发现,相同画面的颜色倾向会有所不同。也就是说即便 RGB 的色彩数值相同,但设备性能不同的话,所显示出的颜色也会有很大不同。

(三)色料三原色

与 RGB 相反,物体色的三原色会越混合越暗,并最终趋近于黑色,这被称为减法混合。在印刷中,色料三原色被表示为 CMY,即 C(青)、M(洋红)、Y(黄)。

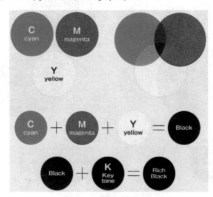

图 5-10　减法混合

本来,物体色的三原色也就是 CMY,混合起来就是黑色,但因印刷可表现的色彩范围及墨水性质所限,光靠三原色混色很难实际获得黑色。为此,现代印刷导入了 K 也就是黑色。基于 CMYK 四色的印刷,大大提高了色彩的表现力。

这里 M＋Y 生成 R(红)、C＋Y 生成 G(绿)、C＋M 生成 B(蓝)。

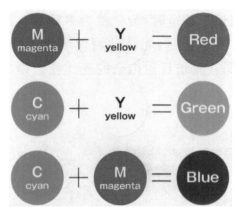

图 5-11

但减法混合获得的 RGB 与加法混合的 RGB 因为在显色方式上完全不同,所以严格意义上来说并不是相同的颜色。这里仅作为参考,大家记住它们是同色系的颜色就可以了。

二、色彩的要素

一个色彩是由色相、纯度、明度三个基本要素来定义的,这三个基本要素与我们感知到的光波有关。

(一)色相

色相指的是一种颜色的本体特征,如红、紫、橙等。这个本体特征是光以特定的频率从物体身上反射出来而被我们感知的结果。当我们看见一辆绿色的小车,并不是说我们所看见的车是绿色的,而是我们看到了以特定频率从车体上反射出来的光波,而其他频率的光波已经被车体吸收了。

图 5-12　色相

当光通过玻璃三棱镜时,被分散为多种颜色的光。而光照射到物体上也是一样的道理:物体的材料吸收了某些光源,而把其他光源反射出来;正是被反射出来的光使我们得知一件物体是有其特定的色相的。

图 5-13　光的分散

在图 5-14 这幅广告中,文字以好几种色相来呈现,但总的来说这些色相的明度和纯度基本相同。因为色相与冷暖程度在本质上紧密相关,因此随着色相变化,冷暖亦发生变化。

在色彩的三个基本要素当中,我们对于色相的感知是最绝对的。例如,当我们看到某个物体时,我们可以判断出它是红色的还是蓝色的。

图 5-14　文字的色相呈现

实际上,所有的色彩感知都是相对而言的,意思是必须有另一种色彩在旁边做比较时,这个色彩的相貌才能得到真正的确认。

有些色相我们确定它们只属于某一类,这些色相我们称为原色,即红、蓝、黄,人眼对它们的感知频率各不相同。甚至原色当中任何一个色彩的频率发生轻微变化,我们的眼睛感知到的色彩将会是稍微转化成其他原色的色彩。

原色当中的任何两个原色按任何比例相调而得的颜色,我们称为间色。红色和黄色相调得到橙色;黄色和蓝色相调得到绿色;蓝色和红色相调得到紫色。把它们进一步相调即得到复色;例如橙红色、橙黄色、橙绿色、蓝绿色、紫红色和紫绿色等。

橙红色和紫红色基本类似,分布于色彩轮上红色色相的两边。红色成分的注入为这两种颜色增添了热情的感觉;橙色成分的注入则增添了探险或冒险的感觉;紫色成分增添了神秘的色彩和感性的格调。

一个增色系统(在这个增色系统当中,把所有颜色混合在一起可产生白色)的原色有红、蓝、黄。它们的波长在频率上互不相同,可以通过人类的视觉系统辨别出来。这个增色系统的间色——橙色、绿色、紫色,表示的是频率在两个原色间的转化。而复色表示的是间色和原色之间发生较小程度的转化。

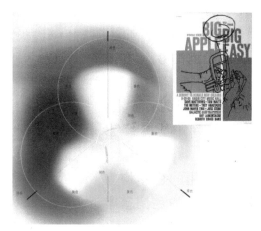

图 5-15　增色系统

(二)纯度

色彩的纯度指的是每种色彩的饱和程度和纯净程度。高纯度的色彩非常热烈或鲜明,色彩暗淡的颜色被视为低纯度的,一个色彩如果几乎看不出色相——例如暖灰色或非常暗淡的褐色,将被认为是中性色。在具有色相的情况下,如果把一种色彩与旁边的色彩对比,它在外观上的纯度将会发生变化。

图 5-16　纯度

把两种频率尽可能不一样的色彩放在一起,意思是它们在色彩轮上尽可能地处于相对的位置,将使两种色彩的纯度得到极大的提高。如果这两个色彩的面积相差很大的话,效果将更加明显,把面积较小的色彩放置于面积较大的色彩上,将会显得比较强烈。有趣的是,如果把一个低纯度甚至是中性色的小色块置于另一个面积较大的色块上,它将会获得一定的纯度,并且其色相也朝着光谱的相对方向转化。

图 5-17　高纯度的彩色条块

在图 5-17《时事通讯》的封面上,高纯度的彩色条块明显具有突出效果。

图 5-18 网页所选用的色彩均为纯度较低的色彩,且它们的色调基本近似,给人以老练和静止的感觉。

图 5-18 纯度较低的色彩

在白色背景下,原色黄色看起来纯度降低——白色是不含纯度的颜色——但在黑色的背景下,同样的黄色则显得纯度极高。而在具有中纯度的灰色背景下,黄色的纯度降低了,除非周围的色彩的明度相近似。

图 5-19 色彩纯度的变化(1)

把相同的紫色放在三个具有不同纯度的基底上,当以含有近似的纯度而色相稍微不同的紫色为背景时,基本色紫色显得纯度偏低;当以中性灰色为背景时,基本色紫色含有的纯度不高也不低;以色相截然不同、但具有近似的明度的基底为背景时,基本色紫色的纯度明显获得提高。

图 5-20 色彩纯度的变化(2)

图 5-21 图书封面的色彩明度较低,而与文字相比,其所含纯

度不高,然而文字却显得明度较高,并且纯度也较高,也就是说,文字的色彩显得比较强烈或鲜明。

图 5-21 色彩明度的运用

图 5-22 这幅画作就像一幅摄影佳作一样,表现了大范围的明度变化——从大面积的阴影部分,到明度适中的部分,再到明亮或白色的区域,一应俱全。然而,明度并不是均匀地分布于版面上,它们从左侧到右侧逐渐加深,并且还特别集中于某些区域,产生了对比效果。

图 5-22 色彩明度的对比效果

一种色相的明度发生变化,不管是变得低了还是高了,它的纯度都将降低。

图 5-23　纯度的降低

（三）明度

色彩的明度指的是它固有的明与暗的程度。黄色是明亮的颜色,紫色是灰暗的颜色。在此再次强调一下,一切都是相对而言的。一种色彩可以被认为是暗淡的或明亮的,只是在与另一种色彩做对比的情况下。黄色的明度比白色的低,白色是所有色彩当中明度最高的颜色。深蓝色和深紫色与黑色相比,显得明度较高,黑色是所有色彩中明度最低的颜色(黑色严格地说没有任何反射光)。把一种高纯度的色相的明度提高,将会降低其纯度。把一种中明度的色相变暗为高纯度的色相,将会增加其明度。但如果明度太低,色相就会没那么鲜明。把任何一种颜色的色块放在一个较暗的色块上,将会提高这种颜色的明度,和增加一种色块的面积所得到的效果是一样的。如果你曾经挑选了一幅绘画作品作为起居室的绘画参照,当画完整个墙壁后却不幸地发现居然有三四个地方明度太高,就知道这的确是事实。把两种明度相同的色相放在一起,不管它们的相关纯度对比如何,都将产生一种奇怪的"出血"效果,使这两种色相的界限难以分辨。这两种色相区别越大,或者它们的纯度越接近,这种效果就越明显;在色相和纯度的某些不可思议的交界处,明度相同的两种色相之间几乎看不到界限。

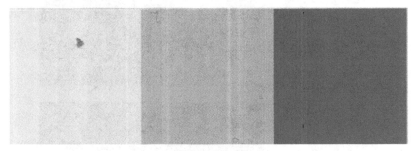

图 5-24 明度

在图 5-25 的这张跨页中,色彩的明度影响了我们对文字的阅读顺序。我们最先阅读到的是最暗的元素,因为它们与背景色彩在明度上形成鲜明对比;其次阅读到的是中明度的元素,因为与背景色彩相比,它们的明度更低。

图 5-25 色彩明度对阅读的影响

图 5-26 展示的是明度的关系,是对两种色相和纯度都比较接近的色彩所进行的近距离对比,两种色彩或色块的明度区别越大,纯度的对比效果就越明显。如图 5-25 所示,当把橙黄色的明

度提高后,赭色显得色泽加深了,而纯度提高了。在顶图中,左边的蓝紫色和右边的蓝绿色区别明显。然而,把比较暗的蓝紫色替换成具有近似明度的紫色后,它们的界线变得难以区分起来。

图 5-26　明度的关系

三、色彩的特性

一般人们所说的色彩,其种类可谓千变万化,不同的组合方式或使用方式给人带来的感觉也大相径庭。如果能进一步掌握颜色的特征,并根据设计理念及用途加以区分使用,不仅能改变设计在视觉上给人的感觉,还能更加切实地将形象或信息传达给观者。

配色并不是单纯地选颜色,还要考虑想要表达什么,以及向什么人表达等问题。

(一)辨识度

辨识度是表述观察时的清晰程度或者易视程度的概念。比如同时看下面两张图的时候,你的视线会先落到哪张上呢?

这种情况下,对比度,也就是色调(明度、纯度)差距大的配色更吸引人的眼球。

图 5-27

相反,不太引人注目的则是色相近似的颜色或互为补色的颜色等。

色相近似的颜色相互之间很难区分,而补色则是颜色相冲,特别难以辨识。

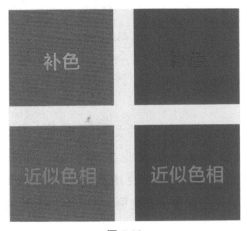

图 5-28

(二)醒目度

醒目度和辨识度很接近,但醒目度更侧重于是否引人注目。

并不是单纯的是否易辨识,根据颜色种类和色调的不同,配色是否醒目也会产生差别。

①和②中,用的是相同大小的相同字体,但是一眼看上去的醒目度,或者说是否引人注目,②就比①的效果好。也就是说,相对于纯度低的颜色,还是纯度高的颜色更加醒目。

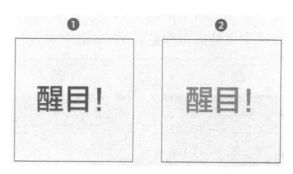

图 5-29

改变背景色也是相同效果。这里可以看出④比③更醒目。

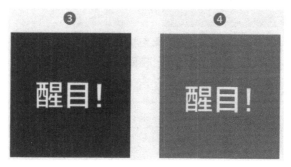

图 5-30

这样来说,醒目度主要受颜色自身的纯度及色相的影响,一般来说无彩色(低纯度)的醒目度低于有彩色(高纯度)的。冷色(蓝色系颜色)的醒目度低于暖色(红色系颜色)。

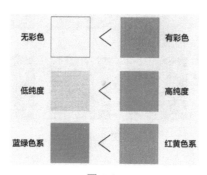

图 5-31

(三)前进色与后退色

色彩可以给人不同感觉,同时也能让人感觉到温度以及远近。请大家看一下下面两个配色。

①好像越往中央越向里深陷,②则好像中央凸起来似的。

图 5-32

虽然根据明度及纯度有所不同,但一般来说,暖色系的颜色是前进色,冷色系的颜色是后退色。

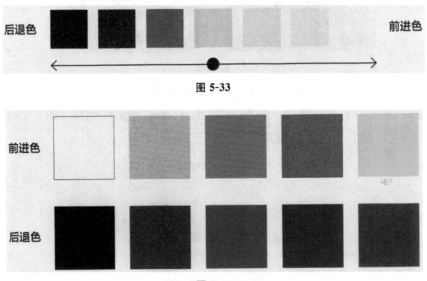

图 5-33

图 5-34

(四)膨胀色与收缩色

与前进色、后退色有着密切关系的还有膨胀色和收缩色。

下面两张图中，①和②两个正方形中，其中心的两个小四方形其实面积相同，但①的看起来要更小一些。

图 5-35

本来一样大的物体，因为环境色及其色调的差异，看起来好像大小会不一样。

这也是人类视觉的一种错觉。膨胀色是比实际大小看起来大的颜色，收缩色是比实际大小看起来小的颜色。

这与前进色、后退色的规律基本相同，根据暖色系、冷色系或色调的不同变化。

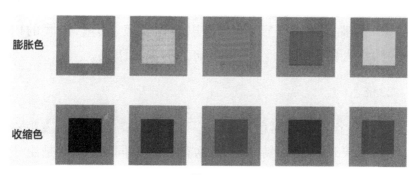

图 5-36

第三节　设计色彩的情感美特征

一、色彩的印象与反映

(一)单一色彩的情感

1.红色

红色的波长最长,穿透力强,感知度高。

红色是最具有感情色彩的颜色。它象征热情、生命、活力、喜庆、爱情、兴奋,给人以热烈、温暖、艳丽的感觉;但同时,红色也给人以血腥、暴力、嫉妒、控制的印象,常作为消防、危险、禁止、警告、预警的标志色出现,如铁路、公路上的红灯、红色标记、红色救火车等。

红色也容易引起视觉疲劳、紧张,不宜作为休闲、休息环境和长时间工作环境的主色调。红色具有膨胀感,有突出、醒目的视觉效果,常被媒体用作宣传色,借以传达积极、热诚、温暖的内涵与精神,给人留下热情洋溢、积极向上的深刻印象。

2.橙色

橙色具备长波长温色的基本心理特征,橙色在色彩表现中较为活跃,但要理解它的特点与红色有很多不同,这一点是由于它在可见光谱中的波长范围造成的。在可见光中橙色的范围是 610～590nm。[①]

橙色是愉快活泼的颜色,是暖色系中最温暖的颜色。歌德称

---

① 潘强.设计色彩[M].北京:中国水利水电出版社,2011

有光泽的橙色为"高度的黄红色"或"猩红"。它往往使人联想到金色的秋天,丰硕、香甜的果实,给人富足、快乐、幸福的遐想。

橙色象征着热情、温暖、光明、喜悦,是一种充满表现欲、自豪感和激情的颜色,但也易给人烦恼、焦躁、疲劳的视觉感受。它介于红黄两色之间,兼具了两色的品性,既有光辉、热情、活力的色感,又具有明朗、活泼、灿烂的性格,常用于表现健康、活力之感,但有时也被视为疑惑、嫉妒的象征。

橙色的明度比红色更高,注目性更强、更醒目,具有较强的刺激,是常用警戒色的一种,用于表示危险、警告。同时,由于橙色的醒目度高又易于辨认,与环境的适应性强,所以纯度较低的橙色常作为工程机械的主色调。

3.黄色

在可见光谱中黄色的波长居中,人的视觉对它的感受能力最强,其明度也最高。从理论上讲,人的视觉对它细微的变化体察得最为细致。因此,黄色变化得越微妙,效果越有魅力。黄色是最能高声叫喊的色彩,它有一种与生俱来的扩张感和尖锐感。它的这一特点如与紫色配合使用,能充分地表现出较强的空间感。黄色色光在可见光谱中波长范围同橙色一样比较窄,为 590～570nm。[1]

黄色光明、灿烂、辉煌,有着太阳般的光辉,是照亮黑暗的智慧之光的象征;它炫目的金色光芒,也是财富与高贵的象征。黄色是一种轻快、活泼、明快、醒目的色彩,象征着光辉、灿烂、明亮、信心,给人以兴奋、温暖、安定、愉快和充满希望的感受。它能使人们的情绪松弛,注意力集中,唤起人们改变的欲望。

但黄色也有病态、轻薄、颓废、虚浮、不稳重等特点。约翰内斯·伊顿(Johannes Itten)曾就黄色的效果写道:"如同只有一个真理一样,黄色也只有一种。模棱两可的真理是病态的真理,是不真实的谎言。因此,模棱两可的黄色表现为嫉妒、出卖、谬误、

---

① 潘强.设计色彩[M].北京:中国水利水电出版社,2011

图 5-37　黄色调设计

怀疑、不信任和错乱。"[1]当植物呈灰黄色时，表示它已临近衰败；人呈现黄色则被视为病态；而天空呈灰黄色时，则预示风暴、雨雪或黑暗即将来临。

　　黄色作为国际通用的警示色彩，有最佳的远距离效果和醒目的近距离效果。但在使用黄色时，要注意画面中面积的掌握，大面积的黄色容易使画面轻薄、不稳重，给人以低劣的感觉。

　　4.绿色

　　绿色在可见光谱中位置居中，并且色相的范围相对广泛，为570~500nm，因此，它转调的余地相对较宽，易于变化。人们的视觉对于绿色也表现得比较适应。[2]

　　绿色是轻松舒爽、赏心悦目的色彩。它象征着自然、生命、和平、清新、宁静、新鲜、朴实，给人以松弛、舒畅、安全、自由、稚嫩、青春、朝气蓬勃的感受。因此，人们将森林形容为"绿色的肺"。绿色被誉为"生命之色"，有益于舒缓情绪、促进休息，是理想的环境色。诗人歌德就认为绿色能给人"一种真正的满足"。但绿色也有视觉冲击力不足、略带寒性、视觉识别度较低的缺点，易给人

---

①　袁恩培,贾荣建.设计色彩[M].北京:机械工业出版社,2010
②　潘强.设计色彩[M].北京:中国水利水电出版社,2011

隐藏、被动的暗示。

图 5-38　绿色包装设计

绿色因其朝气蓬勃的象征意义成为世界公认的环保色,是公益广告的宠儿,它带给人们积极向上的感受是永恒不变的。绿色还多用来作为国家军事装备色和军用车辆的隐蔽色。绿色也是常用的安全色,通常用作正常、安全、流行的信号色,同时绿色也常用在财政金融领域、描述生产领域、卫生保健领域。在设计中使用绿色要非常谨慎,因为在很多人的内心深处,它常被认为是嫉妒、卑鄙的象征。

5.蓝色

在可见光谱中,蓝色的波长比较短,在视网膜成像的角度也较浅,有一种远离观者的收缩感。

蓝色是灵性与知性兼备的色彩。它深远、永恒、冷静的色调,象征着清凉、沉着、镇定、深奥、沉思、高洁、诚实、智慧、独立,让人感到崇高、深远、纯净、透明、安定、恬静,能使人放松心境,减少神经亢奋、减缓脉搏的速度、减慢心率、加深呼吸、降低体温等。

但蓝色也给人犹豫、冷漠、荒凉的感觉,它是色彩中最冷的颜色,常使人们联想到冰川和寒冷,使人们产生平静、理智、沉着、严肃、镇定的感受。

在商业美术中,蓝色以它特有的沉稳特性以及具有理智、准确的象征意义,受到电子科技类产品及企业的青睐,成为此类产品形象和企业形象首选的标准色,常用作电脑、汽车、摩托车、冰箱、空调、电扇等产品的基调。同时,由于蓝色与白色不能引起食欲,具有寒冷、冷静的象征意义,所以也成为商业美术中冷冻食品的标志色。

6. 紫色

在可见光谱中,紫色的光波短,且振幅较宽,人的视觉度比较低,近于非知觉性色彩。因此它的性格具有一种与生俱来的神秘感。

紫色是优雅、浪漫的颜色。它象征着高贵、奢华、优越、宁静、神秘、优雅,富有罗曼蒂克的气氛,给人以神秘、高贵、情感丰富的感受。但有时也意味着沉闷、险恶、悲哀、孤傲、消极、高不可攀,"紫色门第"便是地位和财富的象征。紫色是介于冷色和暖色之间的色彩,呈现出一种游离不定的状态,加之它的明度低,所以容易给人以消极、不安之感。紫色还具有一种怀情不遇和被爱情抛弃的伤感。

紫色以它特有的神秘感给人留下深刻的印象,但同时也形成了压迫感,当紫色以色域的形式出现时,会给人带来恐怖的视觉感受。诗人歌德曾说:"这类的色光投射到一幅景色上,就暗示着世界末日的恐怖。"

在商业设计中,由于紫色具有较强烈的女性化性格而受到限制,除了和女性有关的产品和企业形象外,其他类的设计不常采用紫色作为主色。

7. 白色

在加光混合中,最终混合的结果是白色光,这表明了白色光中含光谱中所有的色彩。所以,白色应称为全彩色。自然之中没有纯白色,故白色应只是存在于人脑中的一种概念性元素。从现实性讲,白色只要一出现,它必将含某种色的倾向和含一定灰度,纯白是相对的,含灰是绝对的。[①]

白色是最为含蓄的颜色,是光的颜色。它朴素、明亮、清凉的色调,象征着纯洁、神圣、善良、朴实、清白、信任与开放,给人以清静、素雅、圣洁、高尚、娇柔、轻盈、纯净、简洁之感。白鸽象征着和平,白百合则代表贞节。白色是全部可见光混合而成的全光色,明度最高,是阳光和光明之色。但白色也会使人产生空虚、凄惨、寒冷、单薄的感受。唐代诗人白居易的《卖炭翁》中便有"黄衣使者白衫儿"一说。在我国,白色还是哀丧、缅怀、悲痛的象征。

白色洁净而一尘不染的色彩象征,使它成为医疗卫生、食品的主色调。但大面积的纯白色会带给人们疏离、寒冷、严峻、梦幻的感觉,所以白色也是高科技产品的常用色。同时白色也具有不容侵犯性,在白色中加入其他任何颜色,都会影响其纯洁性,使其性格变得含蓄。

8.黑色

在减色混合中将红、黄、蓝三原色相加,就会产生黑色,也是所有颜料混合在一起的总和。因此,黑色既可以称为无彩色,也可以称为全彩色。黑色从理论上讲即无光,只要物体的反光能力低到一定程度,就会呈现出黑色的表情。[②]

黑色是一种严肃、深沉、高贵的颜色。它象征着权威、高贵、稳重、肃穆、威严、低调,给人以庄严、严肃、森严、神秘的感觉。正因如此,法律所代表的至高无上的权威、庄严、公正、肃穆也只有黑色才能诠释得如此完美。在我国历史上,秦朝便用黑色作为帝王服饰的颜色。同时,黑色也能令人产生悲哀、寂寞、沉重、荒凉、冷漠、绝望的感觉,使人联想到恐惧、罪恶、不祥和死亡,对人的心理产生消极的影响。比如"黑色的日子"则指的是不幸、倒霉的岁月;"黑色地区"是危机的焦点,也是交通事故的多发地段;"黑色标志"成为人一生的污点;而"投黑球"则指的是投秘密反对票。

① 潘强.设计色彩[M].北京:中国水利水电出版社,2011

② 同上

文学大师鲁迅通过对色彩的敏锐观察和自身领悟,将"黑漆漆的"定为《狂人日记》的总体色调。康丁斯基也认为"黑色意味着空无,像太阳的毁灭,像永恒的沉默,没有未来,失去希望"。

在商业设计中,黑色以它抽象的表现力以及高贵、稳重、科技的象征意义,成为许多科技产品的用色,常用作大功率摩托车、电视、跑车、音响的主色调以及表示坚固、稳重的支架、车架等零部件的颜色。

9. 灰色

灰色是彻底的中性颜色。它象征诚恳、沉稳、考究、含蓄,给人平淡、乏味、抑制、单调、寂寞、沮丧、镇定、温和、沉默、忧郁、空虚的视觉感受。灰色的低明度、低鲜艳度,使其成为色彩中最不引人注意的颜色。人们也常用灰色来形容某人丧失斗志、失去进取心、意志不坚强等。但灰色的含蓄、柔和与沉稳在无形中又能给人以智能、成功、强烈权威的信息。

在商业设计中,许多高科技产品,特别是和金属材料相关的,大都采用灰色作为主色调,以传达出高级、精密、耐人寻味的形象特点。在生活中,灰色常作为税务、工商、交通监理等部门的形象色,用来表现其公正性。

10. 光泽色

光泽色是豪华的颜色。光泽色主要是指金、银、铜、铝、塑料、有机玻璃及彩色玻璃等材料的色泽。由于金银本身昂贵的价格和独有的光泽感,使它们成为高贵、光彩、荣华、豪华的象征。例如,中华人民共和国国徽上的金色齿轮象征着人民的幸福、祖国的繁荣;苏联将"金星"授予英雄;德国电影界有"金熊奖"和"金班比奖";中国有"金鸡奖";世界杯有"金球奖"和"金靴奖"等。

光泽色具有很强的光泽感且明度极高,在商业设计中,恰当地使用光泽色可提高产品的档次。金色具有极醒目的特点和炫辉感,在各种颜色配置不协调时,使用了金色就会使它们变得和谐起来,并产生光明、华丽、辉煌的视觉效果。所以,从某种意义上讲,金色是百搭色。但在大面积使用时,要注意空间和个体的关系。

图 5-39 中金色的运用突显了 Dior 香水的华贵。

图 5-39　光泽色运用

(二)复合色彩的情感

在经历着文化与消费的时代中,色彩逐渐成为人们判定厌恶或者喜好、高兴或者失落、高雅或者庸俗的心理感觉符号。

图 5-40 中蓝色和黑色的组合,渲染出香水的神秘感。

图 5-40　复合色彩情感

在餐厅吃饭时,人们时常会看到黄绿色系的菜单设计、广告宣传等,绿色除了代表着青春、亮丽和清新以外,还代表着健康和生机(表 5-1 和表 5-2)。

表 5-1 在黄色中加入其他颜色产生的心理印象

	色彩感受
黄+蓝=嫩绿色	黄色中加入少量的蓝(嫩绿色),色感趋于平和、清新等
黄+红=橘黄色	黄色中加入少量的红(橘黄色),色感趋于甜美、亮丽、芳香、温暖等
黄+黑=橄榄绿	黄色中加入少量的黑(橄榄绿),色感趋于成熟、随和等
黄+白=浅黄色	黄色中加入少量的白(浅黄色),色感趋于柔和、含蓄、亲和力等
黄+绿=黄绿色	黄色中加入少量的绿(黄绿色),色感趋于朝气、活力等

表 5-2 在绿色中加入其他颜色产生的心理印象

	色彩感受
绿+黑=墨绿色	绿色中加入少量的黑(墨绿色),色感趋于庄重、成熟等
绿+白=浅绿色	绿色中加入少量的白(浅绿色),色感趋于洁净、清爽、鲜嫩、宁静、平和等
绿+蓝=蓝绿色	绿色中加入少量的蓝(蓝绿色),色感趋于清秀、豁达等

橙色系常用于食品和灯具的广告、包装中,随着设计师设计的不断个性化,橙色系也成了室内空间、书籍装帧的主要色调,给人清新、亮丽、激发人们的阅读兴趣,同时橙色系也逐步成为年轻设计师的设计思想表达的媒介(表 5-3)。

表 5-3 在橙色中加入其他颜色产生的心理印象

	色彩感受
橙+白=浅橙色	橙色中加入少量的白(浅橙色),色感趋于甜蜜、增加食欲等
橙+黄=中黄色	橙色中加入少量的黄(中黄色),色感趋于舒适、明快等

由于西方文化和东方文化的地域、文化差异,在设计中,中国酒品包装设计中常出现中国红或者深红色,以体现中国传统特色;在西方酒品包装中常出现橙色、白色等不常使用的色彩。粉红色在设计师眼中是一个极其没有个性的色彩,但是少女内衣产

品、甜品店都常常见到粉红色的身影(表 5-4)。

表 5-4　在红色中加入其他颜色产生的心理印象

	色彩感受
红＋黄＝橘黄色	红色中加入少量的黄(橘黄色),色感趋于躁动、不安等
红＋蓝＝紫红色	红色中加入少量的蓝(紫红色),色感趋于文雅、柔和等
红＋黑＝深红色	红色中加入少量的黑(深红色),色感趋于沉稳、厚重、朴实等
红＋白＝粉红色	红色中加入少量的白(粉红色),色感趋于温柔、含蓄、羞涩、娇嫩等

　　粉红是温柔的颜色,代表健康、梦想、幸福和含蓄,是柔和、亲切和浪漫的象征,是女性的代表色,最能体现清纯、活泼、可爱的少女形象,是温和中庸之色。如果红色代表爱情的狂热的话,那么粉红色则意味着"似水柔情",是爱情和温馨的交织。粉红色是妙龄少女嗜好度最高的色彩,象征温情脉脉的情怀,适合作青年女性的服色。

　　紫色系常用于表现女性特色的设计产品,美容产品是较为常见的,或者成熟女性的服装设计风格,再或者葡萄味的食品包装等。在随着色彩的主流感受逐渐成为非主流后,紫色被解构成了音乐、室内装饰所能接受的个性色彩(表 5-5)。

表 5-5　在紫色中加入其他颜色产生的心理印象

	色彩感受
紫＋蓝＝蓝紫色	紫色中加入少量的蓝(蓝紫色),色感趋于孤独、神圣、兴奋等
紫＋黑＝深紫色	紫色中加入少量的黑(深紫色),色感趋于沉闷、伤感、恐怖等
紫＋白＝浅紫色	紫色中加入少量的白(浅紫色),色感趋于优雅、娇气、充满女性的魅力等

(三)色彩心理情感效应

1.色彩的兴奋、沉静感

决定因素是色相和彩度。一般来说,红、橙、黄的纯色令人兴奋;蓝、蓝绿的纯色令人沉静。但是这些色,随着彩度的降低其兴奋与沉静感减弱。

2.色彩的冷暖感

主要是色相的影响。色环中红、橙、黄是暖色;蓝绿、蓝、蓝紫是冷色:红紫、黄绿、绿、紫介于两极之间;白色偏冷,黑色偏暖(图 5-41)。

图 5-41　暖色包装设计

3.色彩的轻重感

由明度决定,明度相同时由彩度决定。以蒙塞尔明度轴为准,明度 6 以上感到轻,明度 5 以下感到重。

在色相环中,明度高的感觉轻,同类色和类似色之间亮的轻,明度低的感觉重。如紫色比黄色感觉重,白色最轻,黑色最重。轻中次序排列为白、黄、橙、红、灰、绿、蓝、紫、黑。另外,颜料中的透明色比不透明色感觉轻。明度高的色彩容易让人联想到蓝天、白云、花卉等,有轻柔、漂浮感;明度低的色彩容易让人联想到钢铁、重工业等,有沉重、坚硬感。纯度高的色彩比纯度低的色彩重。

4.色彩的进退感

所谓前进或后退虽然是人眼睛的错觉,但在我们的日常生活中却起着非常重要的作用。消防设备中的红色、表示危险的警示色、汽车的刹车灯都采用了具有穿透性的色彩。甚至根据调查,呈红、黄等前进色的轿车要比呈蓝、绿、黑等后退色的车出交通事故的概率小一些。

图5-42中红色给人前进感,绿色给人后退感。

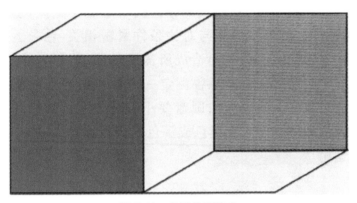

图 5-42　色彩的进退感

5.色彩的华丽、朴素感

受彩度的影响最大,与明度也有关系。彩度高或明度高则呈华丽、辉煌感,彩度或明度低的色则有雅致和朴素感。

6.色彩的明快、阴郁感

受明度和彩度的影响,与色相也有关系。高明度和高彩度的暖色有明快感;低明度和低彩度的冷色有阴郁感。白色明快,黑色阴郁,灰色呈中性。

7.色彩的软硬感

主要取决于明度和彩度。明浊色有柔软感,高彩度和暗清色有坚硬感。明清色和暗浊色介于两者之间。黑、白坚硬,灰色柔软。

8.色彩的胀缩感

胀缩感形成的原因是因为各种色相的波长有别,暖色波长较长,冷色波长较短,但这种区别是很小的,而眼睛中的液体将光线加以折射放大、分解,因而造成视网膜成像时,具有长波长的暖色在视网膜后方成像,而短波长的冷色在前方成像。相似的现象在自然界的实例有很多,月亮被薄雾遮挡时感觉小一些,主要是光度减弱的原因,可见胀缩感与对比条件紧密相关,色彩运用中可以通过调整各种对比关系而造成所需要的胀缩效果。无色彩的黑与白亦有胀缩差别。歌德曾测定一个放在白底上的黑圆盘看起来比放在黑底上的同大白圆盘要小五分之一。人们利用这种错觉建议体态肥胖的人穿黑色或深色衣服以显苗条些,正是胀缩的巧妙运用。[①]

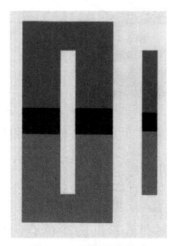

图 5-43　色彩的胀缩感

---

① 　潘强.设计色彩[M].北京:中国水利水电出版社,2011

9.色彩的强弱感

受明度和彩度的影响。低明度高彩度的色感到强烈,高明度低彩度的色感到弱。

10.色彩的空间感

取决于色相和明度。明色有扩大感,暗色有收缩感。暖色有前进感,冷色有后退感。在立体空间中暖色、强烈的色、高彩度的色感到距离近,冷色、柔和色感到距离远。

(四)色彩通感

所谓通感,就是一种具有联觉性的效应,人们在看到不同的色彩时产生除眼睛感觉以外的联觉效应,而这些效应正是引起人们情感变化的原因。

1.色彩与形状

色彩给形体以美丽,野兽派大师马蒂斯(Matisse)曾经说过:"如果形式是属于精神而色彩属于感觉,则你当先学素描,以厚植精神力,然后才能引领色彩进入真、善、美的意境中。"色彩通过形式直接传递情绪和精神,与形状有着紧密的联系。

对色彩与形状的联想最成体系的理论,是包豪斯教授伊顿提出的。他所著的《色彩艺术》一书对当今的色彩教育体系起到了深远的影响作用。在伊顿的理论中,正方形视为红色,红色的庄严、稳重与正方形的庄重、稳定相对应;黄色的刺激与轻量与三角形的尖锐、辐射和冲动相对应;蓝色的遥远与亲切所对应的是圆的松弛平滑的运动感(图 5-44、图 5-45)。颜色和形状的巧妙运用,会使设计创作深入人心,发挥的情感因素将起到不可替代的作用。[1]

---

[1]　袁恩培,贾荣建.设计色彩[M].北京:机械工业出版社,2010

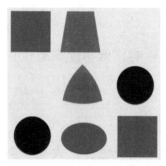

图 5-44　色彩与形状的关系(一)

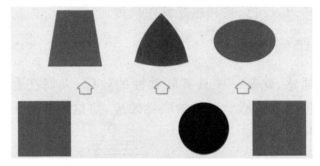

图 5-45　色彩与形状的关系(二)

日本一位学者将形的表象归纳如下：①

圆形——非常愉快、温暖、柔软、潮湿、扩大、高尚；

半圆形——温暖、潮湿、钝；

椭圆形——温暖、钝、柔和、愉快的、潮湿的、扩大的；

扇形——锐利、凉爽、轻的、华美；

正三角形——凉爽、锐利、坚硬、强、收缩、轻、华美；

菱形——凉爽、干燥、锐利、坚硬、强、高尚、轻、华美；

等腰梯形——重的、坚硬的、质朴的；

正方形——坚硬的、强的、质朴的、重的、高尚、欢快的；

长方形——凉爽的、干燥的、坚硬的、强的；

正六角形——不特殊。

这位学者认为，形与色相结合，就某种具体感觉而言，特定的形与某种特定的色相组合，能产生某种特定的感觉，比如蓝色与

————————————

① 范文东.色彩搭配原理与技巧［M］.北京：人民美术出版社,2006

菱形相结合可以产生凉爽的感觉,橙色与椭圆形相结合能产生温暖的感觉,红色与正方形相结合会产生强烈的感觉,紫色与半圆形相结合会产生很弱的感觉。

2.色彩与味觉

食欲的产生主要是靠视觉、味觉、嗅觉的综合作用,例如中国菜就以色、香、味俱佳闻名于世。日本菜更以其精致的外观给世人留下了深刻印象。白色的盘子应放颜色鲜艳的食物,清淡的食物适合放在鲜艳颜色的盘子里。点心应选择或淡雅或浓深或形成补色关系的盘子里。用黑色碗盘装食物,因深颜色的衬托作用而能增加食欲。

红、黄色相,有很强的食欲魅力。黄色的人造奶油比白色黄油感到更美味。红色的毛蟹比白色的青蟹更能引起食欲,这些经验谁都会有的。绿色蔬菜和肉类或粉红色的火腿搭配,看上去非常漂亮而使人食欲大振。青豆、胡萝卜和番茄的色彩,也都具有衬托美味佳肴的效果。带盒饭时,如果只带肉类、海带就太单调了,如果能点缀上一个煎蛋和辣椒,会大大增加食欲。

关于色彩与味觉的通觉,我们多半是从生活当中得到的经验,虽然看到的是颜色,但也好像能感觉到味道。糕点、糖果的粉红色和乳白色、黄色的感觉是甜的;白色有时会使人联想到白糖的甜味或盐的咸味;辣椒的红色产生辣的感觉;咖喱、胡椒、姜的浊黄色产生辛的感觉;盐的明灰色、海水的蓝色是咸的感觉;浓绿的茶色、咖啡的茶色、灰色产生苦的感觉。另外,灰色也带有"不好吃的味道"的感觉,诉说"味觉很浓"和"浓的味感"的,是深色的色调,可可的褐色、葡萄的暗紫红色、橄榄的茶青色等也可说是属于浓味的深色。青绿的橄榄、青草的颜色是涩的感觉;黄绿色的橘子产生酸的感觉。可以说,大多数人表示某种味道时,用的色是基本相同的,就是该味道物的色相,或是该味道几种物的色相之综合(图 5-46)。

图 5-46　竹叶青茶叶广告

在弱肉强食的热带雨林，各种生物想尽办法不被天敌捕食，其中一种办法就是通过自身的警示性保护色告诉天敌"我有毒""我不好吃"。人类也是一样，最先通过色彩考虑食物的安全性。

许多可口的食物都呈现出鲜艳的橙色，像橘子、玉米、蜂蜜、新出炉的面包等，因此橙色还代表了美味、可口、有食欲（图 5-47）。

图 5-47　肯德基广告

3.色彩与记忆①

(1)记忆色的选择

如果问香蕉是什么颜色的,一般人会觉得"香蕉是黄色的",这难道还有什么疑问吗? 其实香蕉的各个部位都带有未熟的绿色部分,但大部分是黄色的,选择黄色容易记忆,而绿色的记忆则被削弱甚至消失了。同样,关于马的颜色也是这样的。马既有菊花青、茶褐色,又有白色、黑色,但是,在我们的记忆中,一般都认为具有代表性的是栗色。

考虑到记忆的这种功能,在为形象传达配色时,首先要懂得主色调的功能,这非常重要。另外,杂乱的多色配色也有禁忌,事实证明,尽量使色彩的形象显得单纯些,配色最好不超过两三种色。

(2)记忆色的衰减

有一个词叫作"记忆力减退"。心理学家柯拉认为,随着记忆痕迹的衰减,色彩的记忆也会减退,明度、彩度都会下降。这似乎跟刚才所说的"香蕉的绿色部分"和"栗色的马"相吻合。

图形的边缘感觉不清的色,即沉入背景中,而记忆若是减退,才能深深地感到用简洁明了的图形来进行色彩形象传达是多么必要。

(3)视感度高的明亮配色更容易记忆

在记忆色的实验中,往往是黄色占据首位。黄色在所有的色相处于明亮颜色顺序排列的时候,是视感度最高的色相,就是在明视性的实验中,黄色和黑色的配色大体上也居于第一位。

以黄色为主体,橙、紫红、红等色调在作为记忆色时也容易被把握,所不同的是当由于配色而提高了明视性时,恐怕记忆率也会上升。

在大块黄色中的黑字、白色中的红字、白色中的紫红字、橙色

---

①　范文东.色彩搭配原理与技巧[M].北京:人民美术出版社,2006

中的黑字、黄色中的红字等,都可以说是很好的配色。

(4)留恋度高或熟悉的色容易被记忆

有位从事心理学研究的人说"越是接近心脏的东西,越能够被记忆",这是很有道理的。初恋者穿的服装的色彩,在记忆的实验中,即使是想起率最低的色,也一定会清楚地被回想起来。同样,自己熟悉的或喜欢的颜色也更容易被记忆。

4.色彩与嗅觉

最能发出芳香的色相是黄绿色,这恐怕和苹果、梨、芒果、香蕉等很多水果是黄绿色调的生活经验有关系。红色是辣的气味,粉红、乳黄色是香的气味,亮的绿黄色是酸的气味,深绿褐色是腐烂的臭味等。

在食品的包装上,可用上与该食品味觉相符合的关联色。香料、香水等可以把有关气味的色用在包装上,以便使人们观其色而知其气味。

人类靠呼吸空气存活,鼻子是嗅觉的执行器官,做菜讲究色、香、味,在观看了食物的样貌、颜色之后,必须以嗅觉来判断食物的安全性,这样的顺序是千年不变的。"芬芳的色彩"常常受到女性的青睐,这类颜色与植物的嫩叶、花果的色彩联系密切,是对自然美的崇尚,所以在女性用品中经常使用这一类颜色(图 5-48)。

图 5-48　法国娇兰花草香水广告

这一系列的娇兰花草香水包含橘子香型、樱花香型、玫瑰香型等各种香型。图5-48为青草香型，用绿色和青草的形象给人带来自然清新的感觉，激起消费者的购买欲望。

5.色彩与听觉

女人的大声尖叫会产生明亮的红紫色感觉，雄浑的男低音是深褐色的。一般来说，色彩听觉所表现的声音与色彩的关系，是高音产生明亮、艳丽的色彩感觉，低音会产生灰暗、沉稳的色彩感觉。据说，随着钢琴从高音到低音，会产生银灰—灰—青—绿蓝—蓝绿—明红—深红—褐—黑色的色彩感觉变化。[①]

音乐是听得见的色彩。最早提出色彩与音阶理论的人是牛顿，声音和色彩都属于物理波，都必须根据物理法则产生作用，所以牛顿作为物理学家认为从Do到Sol的音阶和从红到紫的光谱色顺序是相同的。康定斯基也说过："强烈的黄色给人的感觉就像尖锐的小喇叭的音响；浅蓝色的感觉像长笛；深蓝色的浓度增加，就像低音大提琴到小提琴的音效。"信息技术发展的今天，电脑上的播放器甚至可以根据曲调自动生成色光并播放出来，使人们通过肉眼就可以辨识。在当今的艺术教育中，教师也常常让学生通过色彩作品来表达音乐感受。

康定斯基的许多画，都被冠以音乐的标题，如《即兴》《抒情》等。仅以《即兴》为题的作品就有35幅之多，都被一一地编号。他认为，画家其实做着与音乐家同样的事情，他们都追求表现"内在精神"，所不同的只是前者用的是视觉的语言，而后者则是用听觉的语言（表5-6）。

---

①　范文东.色彩搭配原理与技巧[M].北京：人民美术出版社，2006

图 5-49　康定斯基作品

表 5-6　色彩与声音的通感关系

	通感关系			
	纯色	清色	暗色	浊色
红(Do)	吼叫、热闹	震动、轻语	低沉、嘶哑声	噪声、苦闷
橙(Re)	高音、轰隆声	悠扬、明朗	浑厚、悲壮	呜咽、哄哄声
黄(Me)	明快、尖锐	悦耳、哈哈声	回声、沉闷	昏沉、沙哑
绿(Sol)	平静、安稳	清雅、柔和	沉静、叨叨声	低沉、阴郁
紫(Si)	哑铃、古韵	柔美、含蓄	咕咕声、喳喳声	磁性声、老人声
白	休止、肃静			
黑	沉重、幽深			

　　1910 年,亨利·马蒂斯创作的绘画作品《音乐》,近似于《舞蹈》这幅图的概念。《舞蹈》和《音乐》都是典型的简洁构图,强烈色彩对比与色彩流动感,达到色彩与音乐,色彩与听觉之间的关联性(图 5-50)。

图 5-50　亨利·马蒂斯作品

音乐属于时间艺术,随着时间的流动,音量的高低缓和,形成富有乐感的节奏。节奏的轻重缓急,音符的相继消失,造就了不同氛围的音乐,带给我们不同的感受。在二维平面上,色彩也可以通过明度的变化,色相的转移,对比的强弱塑造画面层次,营造秩序、节奏、韵律,将无形的感受化为看得到的形形色色。这是艺术间相通的共性。但不同于音乐的是色彩大都没有时间性,表达的节奏可以同时被我们的视线感知。

我们可以用统一的色彩控制画面,并在统一的基础上追求色与形的秩序变化。仿佛用一种主旋律来统一乐曲,其中的色彩变化如为之伴奏的乐符,相互唱和。色彩的明度、色相、面积等变化仿如乐曲的节奏高低变化。利用有形的二维画面来表现音乐的流动性,以行色的节奏和秩序来体现音乐的抑扬和顿挫,用画面的氛围来营造音乐的思想和气氛。低沉稳重的曲调:对比微弱,低明度短调;悠扬缠绵的曲调:柔顺,中明度中调;欢快轻松的曲调:明亮,渐变的节奏;雄伟有力的曲调:中纯度强对比的色彩;激烈动感的曲调:高纯度强对比的色彩;悲亢激昂的曲调:低明度高调的色彩。[①]

图 5-51 Mates of state 演唱会海报设计

① 潘强.设计色彩[M].北京:中国水利水电出版社,2011

我们可以进行这样一段练习。静静地闭上眼睛，听几段不同类型的音乐，再根据直觉用色和形把心里浮现出的音乐表象做抽象的图形描绘，就会发现，并不是音乐的每一个音阶都会发生色听觉，但所听到的整体音乐旋律对人产生的色彩感觉大体上是相同的。不同种类的音乐旋律会产生不同种类的色彩感觉。

通过以上练习，大致可以得到这样一些结果：欢快的音乐旋律——明亮的高纯度黄色系列；悲哀的音乐旋律——黑暗的蓝色系列；柔和的音乐旋律——粉红、粉绿、粉蓝组合的粉色系列；舒畅的音乐旋律——黄绿系列；阴郁的音乐旋律——灰紫、灰蓝组合的灰色系列；兴奋的音乐旋律——鲜红色系列；强有力的音乐旋律——纯正的蓝、黑、白色组合的系列；庄重的音乐旋律——暗调的蓝紫色系列。

（五）色彩的综合情感表达

色彩作为一种手段，不单单只是为了画面的需要，更深层次是为了表现文化、人类的审美意识和内在情感。人类的情感通过色彩的表现升华为艺术的审美情感。艺术家们在创作时，不单单是复制自然画面，而是需要自己情感的积累，将自己的情感注入作品当中获得一种审美心境。

图 5-52 中为了引起人们对种族歧视的关注，用鲜明的黄色作为背景，衬托象征黑人运动员的黑毛巾，视觉效果强烈。

图 5-52　色彩的综合情感

所谓审美心境，就是摆脱了自然情感困扰的心理状态，需要审美主体与审美对象之间保持一定的心理距离。梵高曾经对此感叹道："……在有些瞬间里,一个可怕的明澈洞见占据了我。在大自然面前占住了我的激动,在我内部升腾上来达到昏晕状态。在有些状态,激动升腾到疯狂或达到预言家状态。我面对自然所创作的一切,是栗子,是从火中取出来的……"

在中国少数民族彝族人眼中,红、黄、黑三种色彩是神圣的颜色,在长期的历史积淀中,红、黄、黑三色成为彝族这个少数民族群体中相互认同的,能产生共鸣的色彩语言符号和生活习俗的纽带。

二、影响色彩情感的因素

(一)年龄与性别对色彩情感的影响

人们在成长的过程中,常常有这样的感觉:以前本来非常喜欢的颜色,随着年龄的增长和阅历的增加,到后来便不再那么感兴趣甚至变得厌恶。抽象派大师毕加索,在 1900—1903 年的创作被称为"蓝色时期",偏爱以蓝色表达贫老与孤独的苦难。而在1904—1906 年的创作被称为"粉红色时期",毕加索在这个时期邂逅费尔南德·奥利维叶并同居,坠入爱河的他偏爱以粉红色表达自己在这个时期的创作。

儿童的视觉尚处在形成阶段,鲜艳的色彩比灰色更易于他们分辨,而且也有助于儿童视觉的形成,所以儿童喜欢鲜艳的纯色。从另一个角度来说,儿童的眼睛是单纯的,世界上的事物在他们眼中也是单纯的,太阳就是散发着光芒的红色的圆,叶子和草地就是绿色的,人们的衣服也都是单纯的蓝色或黄色。所谓色彩的变化在他们眼中似乎只有色相在发生变化,大量的细节在儿童的绘画中是不存在的,因此适合儿童观看的动画片多使用简练概括的纯色,而市场上供儿童使用的服装、玩具等用品也多是用鲜艳的颜色。

图 5-53 儿童喜爱的色彩

　　青少年对色彩的看法逐渐有了自己的主张,鲜艳的纯色组合在他们看来已过于简单幼稚,高、中纯度的色彩组合更能得到他们的青睐。青少年是个充满梦幻与希望的时期,未来的一切似乎都是光明且美好的,浅色的高中纯度的色彩更符合他们活泼好动、爱思考、多梦想的心理特征,青年男性的性格刚强、爱冲动,所喜爱的色彩搭配会对比强一些。低纯度且低明度的色彩依然不受青少年的欢迎。

图 5-54 青年人喜爱的色彩

　　人至中年,社会阅历丰富了许多,承担着巨大的生活压力,对事物的看法也会因人生经历的不同而有很大差别。有人事业亨通、春风得意,有人艰苦创业步入坦途,有人正准备放手一搏崭露头角,也有人一无所成心灰意冷。无论哪种情况对社会的复杂性都有一个充分的认识,世界在他们眼中也不再只是漂亮色彩的组合,能代表人生百味的各种色彩都为他们所认可。低明度低纯度的色彩能表达他们所经受的痛苦和挫折,也是代表中年的重要色彩。总体来说,中年对色彩的选择更加丰富完整,沉稳的色彩是他们的主色调,明度、纯度等各方面的对比都比较强。

老年比中年经历了更多风雨,对人生有了更深刻的认识,人生的态度也因此而豁达。高纯度的色彩以及强烈的色彩对比容易引起视觉的疲劳,因而老年人不喜欢大面积的强对比的色彩组合。通常认为老年人较喜欢低纯度、低彩度的色彩,但这似乎更多具有社会约定俗成的意味。在发达国家,老年人在经过了一生的工作之后多有积蓄,晚年生活安乐无忧,鲜艳的色彩一样得到他们的钟爱。

此外,相同年龄、不同性别的人对色彩的偏好也有所不同(表5-7)。

表5-7　从年龄和性别分析色彩情感

	喜爱颜色排名(男)	喜爱颜色排名(女)
5岁左右	蓝、黄、橙	黄、橙、红
10岁左右	橙、黄、浅绿	浅绿、橙、黄
15岁左右	黄、浅绿、橙	黄绿、金、浅绿
20岁左右	橙、浅蓝、黄绿	黄、白、橙
30岁左右	橙、浅蓝、绿	白、黄、浅蓝
40岁左右	黄绿、蓝、橙	白、橙、红
50岁左右	浅蓝、浅绿、橙	白、黄、浅绿

(二)科学技术对色彩情感的影响

色彩的发展和科技发展水平休戚相关。在色彩的发展史上经历了从无到有、从简单到复杂、从单纯讲求功用到既注重实用又讲究美观的历程。彩陶在起源上晚于素陶出现,原因就是彩陶比素陶有着更高的彩绘技术要求。同样,早期的商标要求使用的色彩种类少且色彩单纯无变化,一方面出于信息传达的考虑,另一方面也是由于技术与实施成本的限制。复杂的色彩在印刷时需要更多的印刷工序,大量使用时就会极大地增加成本,而细腻的色彩变化就要求较高的印刷技术水平。而现在的印刷机可以轻松地在很小的面积上印出丰富的色彩。

随着科技的发展,各种电子显示屏幕越来越多地进入人们的生活,这一变化将在很大程度上改变人们的审美。以前人们接触到的色彩主要是物体的固有色或印刷品、纺织物等的色彩,这些色彩是通过物体吸收部分光线后由反射的光线呈现出来的,由于物体不可能百分之百地将一种或多种光线完全反射,因而色彩的纯度与亮度达不到有色光本身具有的纯度与亮度。而现在由于越来越多的信息通过电视、网络传播,显示屏幕直接将有色光射入我们的眼睛。由于光色比固有色、印刷色鲜亮,当眼睛逐渐习惯并接受这种鲜艳明亮的色彩后,我们的色彩喜好也会随之发生改变。

(三)性别对色彩情感的影响

男人和女人由于生理、心理上的巨大差异,对色彩的喜好也各有不同。男人性格粗犷、外向、直爽、沉稳,喜欢明度、纯度对比较强的色彩组合;女人比较温柔、细腻、内向,各种高明度色彩可以组成柔美、梦幻、时尚的组合,比较符合女性心理。

(四)季节变化对色彩情感的影响

春季是万物生发的时节,气候乍暖还寒,和风细雨,花草树木都在春天吐露新芽,春天给人的感觉就是浅黄色、淡绿色、粉红色等类似色的中短调组合。

夏天气候炎热,百花争艳,烈日高照,时有狂风骤雨,给人的感觉色彩艳丽丰富、对比强烈。

秋天是收获的季节,气候干燥,果实累累,充满着丰收的喜悦,呈现的是橙色、黄色、红色、褐色等强烈的暖色调。

冬季气候寒冷,草木凋零,冰天雪地,给人感觉是白色、灰色、蓝色等冷灰色组成的低纯度、低彩度、中高明度色彩组合。

四季有着鲜明的色彩特征,但人们在视觉上会渴望得到补偿,所以炎热的夏季人们多会选择白色、浅蓝色等色彩单纯的冷色服装,而在寒冷的冬季人们会选择红色、橙色、黄色、蓝色等鲜明的色彩。

(五)个性爱好对色彩情感的影响

爱好何种颜色与个性之间存在着密切的联系,一般来说,喜欢明色的人被认为是个性开朗,善于社交的人;与之相反,喜欢暗色的人,不善于社交而且性格内向。对紫色的联想也存在着很大的差异:喜欢紫色的人常常是像椭圆形一样具有妥协性,所以这样的人生活得很从容,思考的方法具有弹性;而讨厌紫色的人总是觉得生活中充满压力,思考范围狭窄(表 5-8)。

表 5-8　直接与个性相关的血型和其相关的颜色

血型	个性	颜色
O 型	火爆、直接、热烈、明朗、勇敢	红色
A 型	沉默、优柔寡断、保守、羞涩、内向	蓝紫色
B 型	开朗、外向、好奇、多变、不稳定	黄绿色
AB 型	极端、倔强、孤僻、忽明忽暗、动静皆宜	紫色

爱好对色彩的联想同样有着重要的影响。爱好是因人而异的,不同的时代背景、地理环境、生活习惯、教育形式、风土人情等都会影响人的爱好。根据美国色彩学家恰斯金(Cheskin L.)的调查,影响色彩爱好的重要因素主要有三项(表 5-9)。

表 5-9　影响色彩爱好的因素

影响因素	所占比例
个人嗜好	20％
自我环境的调和	40％
追随流行风尚	40％

色彩的情感特征具有自发性和先验性，当人的经验形式与色彩刺激形式具有相同的结构时，情感被激发起来。这种"相同的结构"（以下简称"同构"）不是先天的，而是在社会生活中积累的。当然，色彩的情感作用绝不会是由知识附加给它的某一解释所引起的，毫无疑问的是色彩能够有力地表达情感，无论有彩色还是无彩色，都有自己的表情特征。

第四节　设计色彩的配色规律与法则

色彩是构成平面设计的三大要素之一，在这三种要素中，它给人的视觉印象具有强烈的直观性。在平面设计中，我们可以通过调配色彩来改变画面的情感表达。除此之外，还可以利用视觉要素间的配色关系来分配它们在画面中的布局样式。

如图 5-55 所示，设计者为画面调配了大量的灰、黑等无彩色，使画面呈现出一种萧瑟、荒芜的视觉效果。

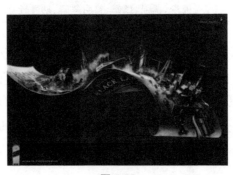

图 5-55

一、借用色相的表现形式决定物象位置

众所周知,色相是决定色彩属性的基本元素,人们也是通过色相来识别自然界中的色彩的。在平面设计中,丰富的色相搭配能使画面变得富有活力。除此之外,不同的色相组合还将影响物象在版面之中的位置摆放,比如当一个物象的配色方式给人带来沉重感时,通常会被放在视图的下方,以使该事物在视觉上给人带来的质感得到进一步加强。

(一)视图下方

在平面设计中,画面的下方总能在视觉上给人带来一种沉重感,当版面的主体物被调配上灰冷色调时,设计者通常会将该要素摆放在该位置,从排列形式上加强对该事物形象的塑造,同时给受众带来极为深刻的视觉印象。

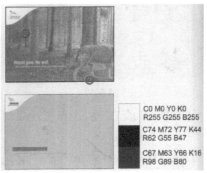

图 5-56

（1）在版面中变得更为醒目。

（2）将版面主体物摆放在视图的右下方，结合低明度配色以加强其对形象的塑造。

（二）视图上方

将视觉主体物摆放在版面的上部，以使画面呈现悬浮、上升的视觉效果。在实际的设计过程中，我们一般将配有浅色或明朗色调的视觉要素摆放在视图上方，通过此布局方式来使版面整体产生向上的视觉牵引力，从而影响受众的情绪，使其产生积极的心理反应。

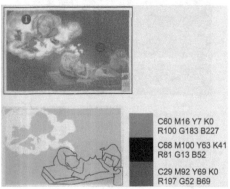

图 5-57

（1）通过把视觉要素摆放在视图的上方，结合冷色调以使其在视觉上产生飘浮、上升的效果。

（2）在画面中使用大量的暖色调，通过小面积的冷色调来起到强调色的效果。

（三）视图中央

一般情况下，版面的中央是最容易引起人关注的，将物体摆放在该位置，能使它在版面中的醒目度得到有效提升。在平面设计中，将配有高鲜艳度或高明度的物体摆放在版面中央，可使物体的视觉形象得到突出，并从侧面促进了主题信息的传播。

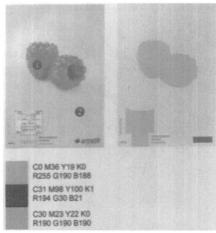

图 5-58

（1）将配有高纯度色调的物体摆放在视图的中央，以凸显它在画面中的重要地位。

（2）刻意在背景中使用粉红色的渐变色调，以此来加强空间层次感的营造。

二、色彩的明度变化赋予画面不同的表现力

明度即色彩的明暗程度，通过对色彩明度值的调控，可以使版面呈现出不同的表情。根据明度值的变化规律，我们将色彩的明度划分为三个阶级，即高明度、中明度及低明度。需要注意的是，在设计中选择的明度表现方式，必须与版面的整体风格相呼应。

（一）高明度

在平面设计中，通过使用高明度的色彩组合，不仅可使版面的可见度得到增强，同时还能带给观者一种明亮且充满活力的心理感受。因此，设计者常利用该明度色彩来表达一些具有积极意义的版面主题。

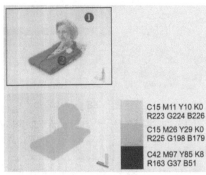

图 5-59

（1）通过在背景中使用高明度的渐变色，以使画面呈现出明朗、清晰的视觉效果。

（2）为主体人物搭配上有鲜艳色调的服饰，从而使她的视觉形象得到突出表现。

（二）中明度

所谓中明度，是指明度值处于均衡状态的一类色彩。在实际的平面设计中，将中明度色彩运用在视觉要素上，可使画面整体呈现出平缓、淡然的视觉效果，同时带给观者以强烈的宁静感。通过使用中明度的配色方式，以加强版面的稳重性，从而给人带来美好的印象。

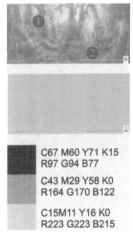

C67 M60 Y71 K15
R97 G94 B77

C43 M29 Y58 K0
R164 G170 B122

C15M11 Y16 K0
R223 G223 B215

图 5-60

（1）在画面中使用了大量的中明度色调，从而打造出具有柔和感的配色效果。

（2）设计者利用大量的同类色调，来进一步提升版面整体配色的平和感。

（三）低明度

低明度色彩是众多颜色中可见度最低的，在画面中使用大量的低明度配色，会使其呈现出如夜晚般昏暗的光影效果，并给观者留下沉闷、低沉的心理感受；除此之外，通过使用此类配色，还能有效降低整体配色的活跃度，从而营造出具有严肃感的视觉空间。

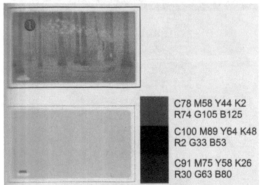

C78 M58 Y44 K2
R74 G105 B125

C100 M89 Y64 K48
R2 G33 B53

C91 M75 Y58 K26
R30 G63 B80

图 5-61

（1）通过在背景中使用大量的低明度色调，从而打造出沉静、安宁的视觉空间。

（2）为该组视觉要素搭配上相对明亮的暖色调，以使它们变得更为醒目。

三、通过调整色彩纯度控制画面情感

纯度即色彩的鲜艳度，通常情况下，那些能被人们辨认出的有彩色都具有一定的纯度值。与明度一样，我们将色彩的纯度值也分为高、中、低三个等级，依据设计对象的需要来选择对应的纯度色彩，从而打造出具有针对性的版面效果。

(一)高纯度

高纯度色彩是所有颜色中鲜艳度最大的，常见的有红色、橙色和黄色等。此类色彩在视觉上具有高识别性，将它们应用在平面设计中，可使画面的注目度得到大大提升。此外，大面积地使用高纯度色彩，还能使画面产生强烈的视觉冲击力。

C11 M8 Y88 K0
R247 G230 B0

C68 M2 Y3 K0
R0 G197 B250

C84 M84 Y90 K73
R20 G17 B8

图 5-62

（1）设计者利用大量的高纯度黄色调，从而打造出具有视觉冲击感的配色效果。

（2）运用黄色、蓝色与黑色在明度上的强对比性，来赋予画面强烈的表现力。

（二）中纯度

中纯度是介于高低纯度色彩之间的颜色，它在视觉上大多给人朴素、平庸、自然的印象。在平面设计中，将中纯度色彩应用到物体与背景的配色上，可营造出具有舒适感的视觉空间，并给受众带来一种可靠并值得信赖的感受。

C12 M12 Y17 K0
R231 G225 B213

C37 M91 Y64 K1
R181 G55 B77

C37 M12 Y11 K0
R173 G206 B223

图 5-63

（1）为画面中的视觉要素配上中纯度色彩，从而营造出具有舒适感的视觉空间。

（2）特意为主体物配上暖色调，以突出它在画面中的视觉形象,并有效引起受众的注意。

(三)低纯度

在所有颜色中,该类色彩的饱和度是最低的,通常当某个色彩混合了其他色相的色彩时,它的纯度值就会相应地降低。我们将低纯度色彩调配到视觉要素上,通过此种配色方式以达到降低整体鲜艳度的目的,同时使画面呈现出简朴、陈旧和沉稳的视觉效果。

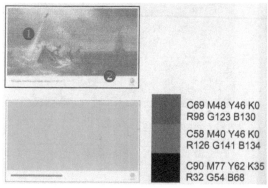

图 5-64

(1)通过使用大量的低纯度配色,以使画面整体的鲜艳度被大大削弱。

(2)运用配色的边框元素,以此来强调图片元素在视觉上的表现力。

四、同类色搭配打造简明的画面印象

　　所谓同类色,是指拥有相同色相的一类色彩,该类色彩在视觉上的差异是极不明显的,我们主要依靠它们在明度或纯度上的变化来识别同类色。通过在画面中使用同类色调配,可打造出具有统一与简明感的色彩印象。

(一)同类色对比

　　在实际的设计过程中,通过提高同类色在明度或纯度上的差异,营造出同类色间的对比关系。将此类配色方式应用到平面设计中,可使其整体的配色风格得到统一。不仅如此,同类色间的对比关系还能使画面看上去显得更加细腻与生动。

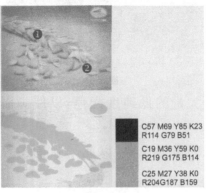

C57 M69 Y85 K23
R114 G79 B51

C19 M36 Y59 K0
R219 G175 B114

C25 M27 Y38 K0
R204 G187 B159

图 5-65

　　(1)刻意为主体物调配上具有对比效果的同类色,以塑造出极具的视觉形象。

(2)在背景中使用与主体配色相仿的色彩,以使画面配色显得更为统一、和谐。

(二)同类色调和

所谓调和,即降低同类色间的对比度。将同类色调和应用在画面中,会使作品显得格外呆板且缺乏色调上的变化。为了避免这种情况发生,我们通常会将此类色彩应用在版面的局部,比如背景、辅助物体或主体物上,利用该种配色方式来加强画面对视觉要素形象的塑造。

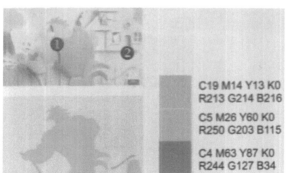

C19 M14 Y13 K0
R213 G214 B216

C5 M26 Y60 K0
R250 G203 B115

C4 M63 Y87 K0
R244 G127 B34

图 5-66

(1)通过在主体物上使用同类色调和,以使局部配色的饱和度得到大大提升。

(2)设计者刻意在背景中使用无彩色,利用无彩色与有彩色的对比来强调主体物。

五、类似色搭配强调画面协调性

在色相环中,我们将夹角在 15°～30°的两种颜色称为类似色,例如蓝色与蓝绿色就是一组类似色。类似色在视觉上的差异性比同类色稍强一些,在平面设计中,我们可以运用类似色的组合来打造具有协调感的画面效果。

(一)类似色对比

在画面中使用过多的类似色,容易使整体效果显得缺乏变化,为了去除作品配色在视觉上的乏味感,我们可以利用一些特殊的手段来增强类似色间的对比,比如利用其他色相的视觉要素将两者进行强制性分开,或者增强它们在纯度或明度上的差异。

C34 M54 Y73 K0
R186 G133 B81

C67 M59 Y93 K21
R95 G92 B49

C36 M43 Y84 K0
R183 G151 B64

图 5-67

（1）将黄、绿两种类似色分别调配在不同的物象中，以此来增强它们之间的对比性。

（2）刻意在视图的下方使用低明度的配色，以使画面产生上轻下重的视觉效果。

（二）类似色调和

简单来讲，类似色调和就是通过降低类似色之间的对比性，以使它们在视觉上形成相互照应的关系。在一些特殊情况下，类似色的调和作用还是十分明显的。例如，当我们在塑造一个单独的视觉要素时，可通过此配色方式来加强它的视觉表现力。

C73 M51 Y54 K2
R85 G115 B115

C42 M92 Y89 K8
R163 G51 B47

C30 M81 Y93 K0
R194 G81 B41

图 5-68

（1）通过在服饰上使用具有调和感的类似色，以打造出具有细腻感的配色效果。

（2）在背景中使用冷色调，通过冷色调的对比来突出人物的视觉形象。

六、邻近色搭配呈现画面非凡的表现力

我们将色相环中从 60°～90°的色彩称为邻近色。相较于前面两种色彩类别来讲,邻近色间的对比是比较明显的。在实际的设计过程中,我们通过调整邻近色间的调和与对比,来打造具有非凡表现力的画面效果。

(一)邻近色对比

在实际的设计过程中,我们通过某些特定的搭配手法来增强邻近色间的对比性,以使整体配色在表现上显得更加锐利,同时还能使版面的艺术性得到相应提升,并给受众带来前所未有的感官体验。

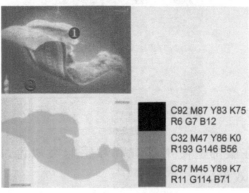

C92 M87 Y83 K75
R6 G7 B12

C32 M47 Y86 K0
R193 G146 B56

C87 M45 Y89 K7
R11 G114 B71

图 5-69

（1）通过调节纯度与明度值，以此来增强黄、绿两种邻近色在视觉上的对比。

（2）设计者刻意使用黑色背景，从而使主体物的视觉形象得到突出表现。

（二）邻近色调和

与前面相反，邻近色间的调和可以为画面带来柔美、协调的视觉氛围。为了使邻近色之间的调和感得到增强，我们可以将它们的明度与纯度设置为相等的值，或者直接缩小两种色彩在使用面积上的差距。

图 5-70

（1）将具有调和感的邻近色搭配在空间中，以使其呈现出糅合、和谐的视效。

（2）为说明性文字调配上醒目的黄色底框，以此来吸引受众的注意力。

七、给人强烈视觉印象的对比色搭配

在色彩学中，我们将色相环上相互夹角为 120°左右的两种色彩称为对比色。对比色在色相上的差异是非常显著的。在实际的设计过程中，我们需要配合版面主题的要求，来调节对比色间的差异，从而使画面呈现出理想化的视觉状态。

（一）强对比

对比色本身就存在强烈的差异性，因此我们利用简单的编排方式就能进一步增强它们之间的对比效果。在实际的设计过程中，通过水平、垂直、斜向等单纯的排列方式将对比色调配在一起，以使它们在布局上形成鲜明的对照关系，从而打造出具有视觉感染力的平面作品。

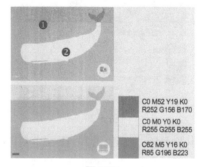

C0 M52 Y19 K0
R252 G156 B170

C0 M0 Y0 K0
R255 G255 B255

C62 M5 Y16 K0
R85 G196 B223

图 5-71

（1）利用蓝色和红色之间的冷暖对比，来赋予画面以鲜活的表现力。

（2）为舒缓液主体物调配上无彩色，以凸显它在画面中的独特性。

（二）弱对比

分别将对比色纯度与明度适当减弱，可以有效降低它们之间的对比性。除此之外，通过缩小它们在画面中的面积比例，也同样能达到削弱对比程度的效果。在平面配色设计中，利用对比色之间的调和关系，可使画面整体的表现变得张弛有度。

C34 M15 Y17 K0
R182 G203 B208
C60 M57 Y92 K12
R118 G105 B52
C31 M40 Y62 K0
R193 G160 B106

图 5-72

（1）设计者通过降低色彩的纯度，以此来削弱蓝、黄两种冷暖色调的对比强度。

（2）通过使用大量的中高明度色调，保证了画面全局在视觉上的清晰度。

八、利用互补色搭配打造具有戏剧性的画面效果

在色彩学中,补色是指在色相环上间隔夹角在 180°左右的两种色彩,红与绿、黄与紫及蓝与橙这三种色彩组合是我们平时使用频率最高的。补色之间的对比性是所有色彩组合中最强烈的,为了使整体色调符合版面的主题要求,某些时候需要对补色之间的对比性进行调和或加强。

(一)补色对比

如前面所讲,补色之间具有显著的对比性,在实际的设计过程中,将互补色调中各自的纯度值调高,可使它们之间的对比程度变得更加强烈,同时还能提高版面整体的视觉表现力,从而给观者留下极为深刻的印象。

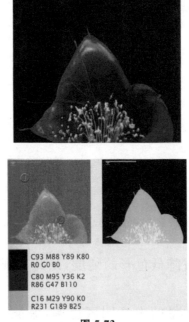

图 5-73

(1)运用黑色的背景画面,来加强这对补色组合在视觉上的

冲击性。

（2）通过提高紫色和黄色的纯度值，以使它们之间的对比关系得到强调。

（二）补色调和

在生活中，长时间注视互补色调容易引起视觉疲劳，甚至影响作品对主题的传达效力。为了避免这种情况发生，一般我们会降低互补色的纯度值，通过降低色彩的鲜艳度来起到调和补色的目的，从而使色彩表现的强刺激性得到缓解。

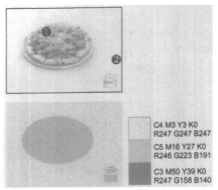

C4 M3 Y3 K0
R247 G247 B247

C5 M16 Y27 K0
R246 G223 B191

C3 M50 Y39 K0
R247 G158 B140

图 5-74

（1）设计者通过减少绿色的使用面积，以此来削弱红、绿这组补色之间的对比性。

（2）运用无彩色背景，来进一步强调主体物给人带来的视觉印象。

九、多种有彩色的配制打造热闹的画面效果

在平面设计中,将多种色彩属性不同的色彩调配在一起,可使画面呈现出热闹、欢悦的视觉效果。尽管多彩色组合在视觉上能给人带来绚丽感,但过于嘈杂的配色方式也容易呈现出无秩序性。在实际的设计过程中,针对主题的需要来对多彩色组合进行相应的调整,以打造出合理的色彩效果。

在平面设计中,为了使多彩色不显得过于张扬、突兀,我们可以采用一些特殊的配色手段。例如,将版面的背景设置为统一色调,或采用具有渐变效果的简单色调,通过强化背景色的表现力,来削弱多彩色在视觉上的醒目度。此外,统一的背景色调还能使整体色调变得更有主题性。

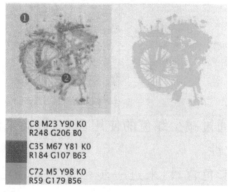

C8 M23 Y90 K0
R248 G206 B0

C35 M67 Y81 K0
R184 G107 B63

C72 M5 Y98 K0
R59 G179 B56

图 5-75

(1)通过使用统一的纯色背景,来降低多彩色在视觉上给人

带来的冲击感。

（2）为主体物调配上多种色彩，以使该物象的视觉形象得到大大提升。

在实际的设计过程中，通过使用小面积的多彩色组合，可使整体配色呈现出细腻、精致的效果。采用此种配色方式时，务必要保持画面中主色调的醒目度，我们需要凭借主体色的表现，来避免整体配色出现无色彩倾向或无主题的情况出现。

图 5-76

（1）在背景中采用大量的黑色调，从而使画面表现出宁静、沉稳的视觉效果。

（2）通过使用大量的红、黄、橙等暖色调，以维持多彩色组合的色调倾向。

在平面设计中，将多彩色组合赋予主体物，可增强它在画面中的视觉表现力，并使其受关注的程度也得到大幅度提升。在使用此配色样式时,色彩的组合与搭配必须迎合版面的主题需求,否则只能做到色彩表面的绚烂与华丽,却失去了色彩设计的最基本意义。

图 5-77

(1)为标题文字搭配上粉红色调,以在配色上迎合画面整体的风格。

(2)通过在画面中使用多种色彩的搭配与组合,从而营造出欢腾、热闹的视觉空间。

十、使用无彩色配色赋予版面特殊情感

在色彩学中,除去有彩色外的所有色彩都属于无彩色,而无彩色的种类是非常少的,最常见的无彩色有黑、白、灰三种。相对于有彩色来讲,这种色彩在视觉表现上显得更为单纯与直接,而

且不同的无彩色给人留下的印象也是不同的,合理地运用无彩色搭配可以赋予画面以特殊的情感表现。

(一)黑色

某个颜料在吸收了所有可见光线后,在不反射任何光的情况下就会形成黑色。在所有色彩中,黑色给人带来的视觉感受是最沉稳的,黑色容易使人想起夜晚、太空等事物,通过在画面中使用大量的黑色,以此来削弱整体配色的活跃度,从而给观者留下阴暗、深邃的印象。

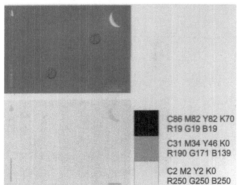

图 5-78

(1)设计者为主体物调配上白色,利用与背景色之间的对比,来突出它的视觉形象。

(2)通过在画面中使用大量的黑色调,以使画面呈现出低沉、寂静的效果。

（二）白色

与黑色的定义相反,白色是一种将可见光进行完全反射的颜色。白色给人的感觉是非常明亮的,它拥有非常高的明度,在情感上它代表着光明、希望与救赎。将白色应用在平面设计中,可使画面整体的明朗感得到增强,同时给人留下积极的视觉印象。

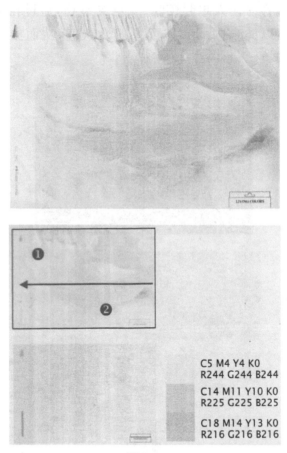

C5 M4 Y4 K0
R244 G244 B244

C14 M11 Y10 K0
R225 G225 B225

C18 M14 Y13 K0
R216 G216 B216

图 5-79

（1）通过在画面中使用大量的白色调,可以营造出具有明亮感的视觉空间。

（2）利用色彩在水平方向上的推移运动,以使画面产生由右向左的视觉流程。

（三）灰色

　　介于白色与黑色之间的色彩就是灰色,这种色彩不具备纯度与色相,我们主要依靠明度来识别不同类型的灰色调。在视觉上,灰色给人一种朦胧、暧昧的印象,将它调配到画面中,可使其呈现出含蓄、柔美的视觉效果。

C76 M72 Y68 K35
R66 G62 B63

C26 M22 Y20 K0
R199 G195 B196

C49 M43 Y36 K0
R147 G142 B148

图 5-80

（1）设计者在版面中使用了大量的灰色调，从而打造出柔和、含蓄的配色效果。

（2）通过加大灰色调在明度上的对比关系，来帮助视觉要素明确它们之间的主次关系。

第六章　UI 设计的视觉表现理论与发展趋势分析

随着我国移动互联网产业进入高速发展的阶段,产业规模不断扩大,产品生产的人性化意识也日趋增强,用户体验至上的时代已然来临,UI 设计越来越受到人们的关注。那么,一个友好、美观的界面是如何产生的,UI 设计中所谓的风格是如何实现的,未来 UI 设计的趋势将会如何,这是本章我们重点讨论的问题。

第一节　UI 设计相关概念阐述

一、UI 与 GUI 概念阐述

UI 即 User Interface (用户界面) 的简称。UI 设计则是指对软件的人机交互、操作逻辑、界面美观的整体设计。好的 UI 设计不仅是让软件变得有个性有品位,还要让软件的操作变得舒适、简单、自由,充分体现软件的定位和特点。UI 设计可以理解为协调用户与界面之间关系的设计,包括交互设计、用户研究、界面设计三部分。

一个友好美观的界面会给人带来舒适的视觉享受,拉近人与电脑或手机等设备的距离,为商家创造卖点。界面设计不是单纯的美术绘画,它需要定位使用者、使用环境、使用方式并且为最终用户而设计,是纯粹的科学性的艺术设计。检验一个界面的标准既不是某个项目开发组领导的意见也不是项目成员投票的结果，而是最终用户的感受。所以界面设计要和用户研究紧密结合，是一个不断为最终用户设计满意视觉效果的过程。

界面设计是人与机器之间传递和交换信息的媒介，是计算机科学与心理学、设计艺术学、认知科学和人机工程学的交叉研究领域。它包括硬件界面和软件界面，具体包括软件启动封面设计、软件框架设计、按钮设计、面板设计、菜单设计、便签设计、图标设计、滚动条及状态栏设计、安装过程设计、包装及商品化设计等。

用户界面是一个人机交互系统，它包括硬件（物理层面）和软件（逻辑层面）两方面。一般来说，人机交互工程的目标是打造一个让用户操作简单、便捷的界面，也就是说，UI 指的不是简单的用户和界面，还包括用户和界面的交互。那么作为 UI 设计师，要做的就不只是设计出美观的界面，还要设计出让用户用起来舒服、操作简单的界面。无论是 PC 端还是移动端设备无不充斥着各种用户界面。

人机交互图形化用户界面设计即 GUI（Graphics User Interface），准确来说 GUI 就是屏幕产品的视觉体验和互动操作部分。GUI 是一种结合计算机科学、美学、心理学、行为学及各商业领域需求分析的人机系统工程，强调人—机—环境三者作为一个系统进行总体设计。GUI 应用领域主要有：手机通信移动产品、电脑操作平台、软件产品、PDA 产品、数码产

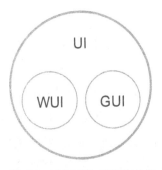

图 6-1　UI、WUI、GUI 关系图

品、车载系统产品、智能家电产品、游戏产品及产品的在线推广。

一般情况下，人们并不会很清楚地区分 UI 和 GUI 这两种职能，都统称为 UI 设计师，如图 6-1 所示。因为它们产出的都是界面，都需要对产品的界面视觉负责。

二、UE 与 UED 概念阐述

UE 为 User Experience 的缩写,即用户体验的意思。用户体验指用户在使用产品过程中的个人主观感受。关注用户使用前、使用过程中和使用后的整体感受,包括行为、情感和成就等各个方面。具体到产品层面上,用户体验包含以下几点。

(1)性能:产品运行是否够快、是否稳定、是否占很多的系统资源等。

(2)内容:产品的内容是否为用户解决一定的问题,是否满足用户的需要。

(3)交互:产品交互是否顺畅,用户是否可以无障碍地使用界面。

(4)界面:产品 Logo、主题、颜色和布局等是否能带给用户统一、整齐、高质量的感觉。

用户体验是用户面对产品产生的整体使用感受,包括受品牌、用户个人使用经验的影响。所以不要狭隘地理解只与用户界面相关,那只是其中的一部分。

UED(User Experience Design)是用户体验设计的意思。用户体验虽然是个人的主观感受,但是共性的体验是可以经由良好的设计提升的。所以国内大型互联网公司纷纷把体验设计提升到一个高度,组建用户体验设计团队,旨在提升用户使用产品的体验。自从 2006 年淘宝把设计部门称为 UED 后,国内很多企业也跟风组建自己的设计部门,称为 UED,UED 逐渐成为互联网公司的设计部门代名词。但是很多 UED 团队名不副实,团队中甚至没有独立设置用户体验研究的职位,这个职位的职能可能由产品人员或者交互设计师承担了。

三、UCD 概念阐述

UCD 是 User Centered Design 的缩写,意思是以用户为中心

的设计。UCD 是一种设计思维模式,强调在产品设计过程中,从用户角度出发来进行设计,用户优先。产品设计有个 BTU 三圈图(Business、Technique、User),如图 6-2 所示。即一个好的产品,应该兼顾商业盈利、技术实现和用户需求。在不同阶段需要考虑不同需求的优先级,所以 UCD 只是强调用户优先,并不代表在所有时候都是合适的。例如,有一个产品急需推出上线,但有部分功能缺失,因为技术问题难以在短时间内实现。这个时候从UCD 的角度来说是不适合推出的,因为功能缺失,产品体验并不完整。但是从商业角度来看,早一步推出就早一步抢占市场。这个时候就需要平衡,考虑是否需要牺牲一部分体验去抢占市场,照顾商业利益。

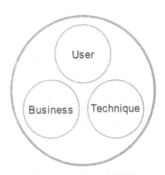

图 6-2　BTU 三圈图

　　目前国内互联网公司的设计师深感用户体验可能作为一种口号流于形式,对于日常工作并没有什么改变。从一个视觉设计师的角度来说,我认为视觉设计师在工作中不应把自己定位于一个描点、画线、上色的角色,应该在设计过程中更多地关注自己的上下游。交互上,关注界面的流程,上下逻辑,思考产出的界面是否好用;开发上,交流界面的实现,是否影响性能;产品上,关注为什么要这样设计功能,把用户体验设计的态度贯穿于整个产品设计流程中。一名优秀的用户体验设计师,需要对界面、交互和实现技术都有深入的理解。所以不要让用户体验成为一个口号,而是作为一种思维方式,融入日常工作中。

第二节　UI 设计的流程与规范

一、UI 设计的流程

UI 设计包括交互设计、用户研究、界面设计三个部分。基于这三部分的 UI 设计流程从产品立项开始，UI 设计师就应根据流程规范，参与需求阶段、分析设计阶段、调研验证阶段、方案改进阶段、用户验证反馈阶段等环节，履行相应的岗位职责。UI 设计师应全面负责产品以用户体验为中心的 UI 设计，并根据客户（市场）的要求不断提升产品可用性。UI 设计基本流程如图 6-3 所示。

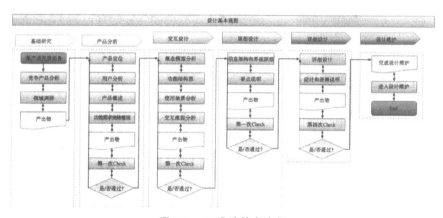

图 6-3　UI 设计基本流程

（一）基础研究阶段

1.竞争产品分析

在设计一个产品之前我们应该明确什么人用（用户的年龄、性别、爱好、收入、教育程度等）、什么地方用（PC 机/智能手机/平板电脑）。上面的任何一个元素的改变，其结果都会发生相应的改变。寻找市场上的竞争产品，挑选 3～5 款进行解剖分析。整理竞争产品的功能规格,并分析规格代表的需求,需求背后的用户和用户目标;分析竞争产品的功能结构和交互设计,从产品设计的角度解释其优点、缺点及其原因,成为我们产品设计的第一手参考资料。同类产品比我们提前问世,我们要比它做得更好才有存在的价值。那么单纯地从界面美学考虑说哪个好哪个不好是没有一个很客观的评价标准的。只能说哪个更合适,更合适于最终用户的就是最好的。彻底理解如何调研市场、竞争对手、差异性以及机会,这对设计师来说非常重要。

2.领域调研

结合上述分析基础和资料,纵观领域竞争格局、市场状况,利用网络论坛、关键字搜索等手段获得更多用户反馈、观点、前瞻性需求。

3.产出物

相应的对比分析文档和领域调研报告。

(二)产品分析阶段

通过分析上面的调研,进入产品分析阶段。分析自身最突出的功能是什么,和同类产品比较的优势是什么,确定哪些业务,确定的业务功能又将如何展现等。这个阶段要做的事情如下。

1.产品定位

从软件提供者的角度分析产品推出的意义和重点关注的方面,实际考量、丰满决策层的思想,明确列出产品定位,通过讨论修缮取得决策层的认可。

2.用户分析

结合竞争产品的分析资料,采用定性分析的方法,获得对产品目标用户在概念层面的认识。

3.产品概述

以软件提供的身份,以最简短的文字,向用户介绍产品,突出产品对用户的价值。避免功能点的简单罗列,而应该在归纳总结的基础上突出重点。

4.功能需求规格整理

在归纳关键功能的基础上,结合竞争产品规格整理的领域认识,从逻辑上梳理需求规格列表,重在逻辑关系清楚、组织和层级关系清晰,划定项目(设计和研发)范围。

5.产出物

形成用户分析文档和产品概述、功能规格列表。

(三)交互设计阶段

1.产品概念模型分析

从产品功能逻辑入手,结合对常见软件的经验积累和竞争产品的认识,加上对用户的理解,为产品设计一个尽量接近用户对产品运行方式理解的概念模型,成为产品设计的基础框架。

2.功能结构图

在产品概念模型的基础上丰富交互组件,并理顺交互组件之间的结构关系。

3.使用场景分析

模拟典型用户执行关键功能达到其目标的使用场景。

4.交互流程分析

模拟在上述概念模型和功能结构决定的产品框架之中,支持使用场景的关键操作过程,如点击链接的步骤和导向性指示。

5.产出物

产品设计文档的交互设计部分。

(四)原型设计阶段

1.信息架构和界面原型设计

设计产品界面中应该包含的控件数量和类型、控件之间的逻辑和组织关系,以支持用户对控件或控件组所代表的功能的理解,对用户操作的明确引导;所有界面设计成为一套完整的可模拟的产品原型。

2.设计要点说明

对界面设计的重点添加说明,帮助涉众对设计的理解。

3.产出物

产品设计文档的原型设计部分。

(五)详细设计阶段

完善设计细节、交互文本和信息设计。

1.设计和逻辑说明

对界面控件、控件组、窗口的属性和行为进行标准化定义,梳理完整的交互逻辑,用状态迁移图或伪代码形式表示。

2.产出物

产品设计文档的详细设计部分。

(六)设计维护阶段

改正以后的方案,就可以将它推向市场了,但是设计并没有结束。我们还需要用户反馈,好的设计师应该在产品上市以后去站柜台。零距离接触最终用户,看看用户真正使用时的感想,为以后的升级版本积累经验资料。

1.语言文档整理

设计通过评审之后,把产品中所有的交互文本整理成 Excel 文档,预备研发工作。

2.研发跟踪维护

进入研发阶段后负责为研发工程师解释设计方案、问题修改、文档完善、Bug 跟踪等。

3.产出物

形成产品语言文档,设计调整维护。

二、UI 设计的规范

(一)UI 界面设计的规范概述

一个产品应提供一项核心功能或服务,在进行 UI 设计、交互设计、内容排版时也应围绕这个目标来进行。在团队合作中,UI 界面设计的规范尤为重要,为了使最终设计出来的 UI 界面风格一致化,开发者之间相互协作会更轻松,通常要先制定界面设计规范。

UI 界面设计的规范贯穿以用户为中心的设计指导方向,根据产品的特点而制定,以达到提升用户体验,控制产品设计质量,提高设计效率的目的。UI 界面设计规范适合界面设计师,用户体验设计师,前端开发技术工程师,发布支持人员,运营编辑人员的参照。

UI 界面设计规范可以统一识别,规范能使同一类型设计部件具有统一性,防止混乱,甚至出现严重错误,避免用户在浏览时理解困难;相同属性单元、模块可执行此标准重复使用,减少无关信息,就是减少对主体信息传达的干扰,利于阅读与信息传递;视觉设计师交接时,可以减少沟通成本,在项目中途增加人手时,查看标准能使工作上手时间更快,减少出错。

(二)UI 界面设计规范的构成

制定视觉规范前,先要了解其构成要素有哪些,再着手建立。这里从以下几个方面来梳理一下。

1.界面设计总体规范

(1)界面的整体尺寸。比如网站、APP 开发设计的分辨率,一般会从典型界面入手,从而确定整套界面尺寸规范。

(2)典型内容区的尺寸。比如网页的导航、版权、内容模块等的尺寸;APP 中的图标、控件等的尺寸大小等。目前市面上常用系统的规范基本上是固定的,如图 6-4 所示,是 IOS 与 Android 系统的 APP 常用规范。

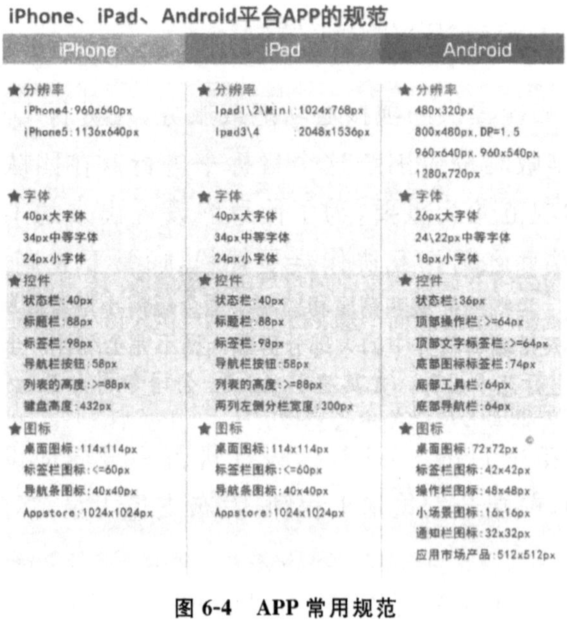

iPhone、iPad、Android平台APP的规范

iPhone	iPad	Android
★分辨率	★分辨率	★分辨率
iPhone4:960x640px	ipad1\2\Mini:1024x768px	480x320px
iPhone5:1136x640px	ipad3\4:2048x1536px	800x480px,DP=1.5
		960x640px,960x540px
		1280x720px
★字体	★字体	★字体
40px大字体	40px大字体	26px大字体
34px中等字体	34px中等字体	24\22px中等字体
24px小字体	24px小字体	16px小字体
★控件	★控件	★控件
状态栏:40px	状态栏:40px	状态栏:36px
标题栏:88px	标题栏:88px	顶部操作栏:>=64px
标签栏:98px	标签栏:98px	顶部文字标签栏:>=64px
导航栏按钮:58px	导航栏按钮:58px	底部图标标签栏:74px
列表的高度:>=88px	列表的高度:>=88px	底部工具栏:64px
键盘高度:432px	两列左侧分栏宽度:300px	底部导航栏:64px
★图标	★图标	★图标
桌面图标:114x114px	桌面图标:114x114px	桌面图标:72x72px
标签栏图标:<=60px	标签栏图标:<=60px	标签栏图标:42x42px
导航条图标:40x40px	导航条图标:40x40px	操作栏图标:48x48px
Appstore:1024x1024px	Appstore:1024x1024px	小场景图标:16x16px
		通知栏图标:32x32px
		应用市场产品:512x512px

图 6-4　APP 常用规范

2.文本规范

确定典型页面不同区域的字体,字体颜色,字号大小。

3.间距边距规范

确定内容元素之间的间距以及内容元素四周的边距。

4.按钮规范

确定典型功能按钮的尺寸、样式和按钮内图标、文字的大小和位置,如图 6-5 所示。

图 6-5　不同大小按钮高度、左右边距、字体字号要求

5.图片规范

确定典型模块的图片尺寸、样式。

6.其他规范

根据产品具体需求涉及的功能,确定其他可能会出现的视觉元素规范,比如弹窗样式尺寸、侧边栏的样式与尺寸等。

第三节　UI 设计的视觉表现工具与方法

一、UI 界面设计常用的视觉表现工具

(一)Photoshop

界面设计是一个新兴的领域,已经受到越来越多的软件企业及开发者的重视,虽然暂时还未成为一种全新的职业,但相信不久一定会出现专业的界面设计师职业。UI 设计要更有效率,捷径就是从最常使用的 Photoshop 软件出发。Photoshop 软件更新很快,目前 Photoshop CC 版本比较盛行,用好 Photoshop CC,会在设计效率方面带来很大提升。

Photoshop 并非一个单纯的图像编辑软件,它的应用领域涉及图像、图形、文字、视频、出版等各个方面,非常广泛。它常见的应用主要有:平面设计、修复照片、广告摄影、影像创意、艺术文字、网页制作、建筑效果图后期修饰、绘画、绘制或处理三维贴图、婚纱照片设计、视觉创意、图标制作、界面设计等。目前在影视后期制作及二维动画制作方面也有所应用。

(二)Illustrator

Illustrator 是美国 Adobe 公司推出的专业矢量绘图工具,是出版、多媒体和在线图像的工业标准矢量插画软件。它集图形设计、文字编辑及高品质输出于一身,广泛应用于平面广告设计、网页图形制作、插画制作及艺术效果处理等诸多领域。强大的功用和简洁的界面设计风格,为线稿提供高精度和控制,适合任何小型设计和大型复杂项目,目前已经占据了全球矢量编辑软件中的大部分份额,据不完全统计,全球有 97% 的设计师在使用 Illustrator 进行艺术设计,尤其基于 Adobe 公司专利的 PostScript 技术的运用,Illustrator 已经完全占领专业的印刷出版领域。

(三)Fireworks

Adobe Fireworks 是专业的网页图片设计、制作与编辑软件。它不仅可以轻松制作出各种动感的 gif、动态按钮、动态翻转等网络图片,更重要的是 Fireworks 可以轻松地实现大图切割,让网页加载图片时,显示速度更快! 让你在弹指间便能制作出精美的矢量和点阵图、模型、3D 图形和交互式内容,无须编码,直接应用于网页和移动应用程序! Fireworks 可以加速 Web 设计与开发,是一款创建与优化 Web 图像和快速构建网站与 Web 界面原型的理想工具。在 Fireworks 中将设计迅速转变为模型,或利用来自 Illustrator、Photoshop 和 Flash 的其他资源,然后直接置入 Dreamweaver 中轻松地进行开发与部署。

(四)CorelDraw

CorelDraw 是加拿大 Corel 公司的平面设计软件,该软件是 Corel 公司出品的矢量图形制作工具软件,这个图形工具给设计师提供了矢量动画、页面设计、网站制作、位图编辑和网页动画等多种功能。它包含两个绘图应用程序:一个用于矢量图及页面设计;一个用于图像编辑。这套绘图软件组合带给用户强大的交互式工具,使用户可以创作出多种富有动感的特殊效果及点阵图像,即时效果在简单的操作中就可得到实现——而不会丢失当前的工作。通过 CorelDraw 全方位的设计及网页功能可以融合用户现有的设计方案中,灵活性十足。该软件提供的智慧型绘图工具以及新的动态向导可以充分降低用户的操作难度,允许用户更加容易、精确地创建物体的尺寸和位置,减少点击步骤,节省设计时间。

二、UI 界面设计常用的视觉表现方法

(一)UI 设计方法论概述

我国传统文化中蕴含的设计观念和方法:"天人合一",指的是天时、地气、材美、工巧,合四为良。

设计方法的研究可以使设计真正成为可传授、可学习、可沟通的学科,可以培养学生的逻辑化和系统化思考的能力。设计方法学的发展脉络从可行性设计到最优化设计再到系统设计。

设计方法学的关键是针对设计条件的集合,寻找最佳的解决方案。迎合用户的需求和设想是最关键的考量。当然,设计方法学也运用基本的研究方法,例如分析和测试。设计方法学的研究内容包括以下几方面。

(1)分析设计过程及各设计阶段的任务,寻求符合科学规律的设计程序。将设计过程分为设计规划(明确设计任务)、方案设计、技术设计和施工设计四个阶段,明确各阶段的主要工作任务和目标,在此基础上建立产品开发的进程模式,探讨产品全寿命周期的优化设计及一体化开发策略。

(2)研究解决设计问题的逻辑步骤和应遵循的工作原则。将系统工程的分析、综合、评价、决策的解题步骤贯彻于设计各阶段,使问题逐步深入扩展,多方案求优。

(3)强调产品设计中设计人员创新的重要性,分析创新思维规律,研究并促进各种创新技法在设计中的运用。

(4)分析各种现代设计理论和方法,如系统工程、创造工程、价值工程、优化工程、相似工程、人机工程、工业美学等在设计中的应用,实现产品的科学合理设计,提高产品的竞争能力。

(5)深入分析各种类型设计,如开发型设计、扩展型设计、变参数设计、反求设计等的特点,以便按规律更有针对性地进行设计。

（6）研究设计信息库的建立。用系统工程方法编制设计目录——设计信息库。把设计过程中所需的大量信息规律地加以分类、排列、储存，便于设计者查找和调用，便于计算机辅助设计的应用。

（7）研究产品的计算机辅助设计。运用先进理论，建立知识库系统，利用智能化手段使设计自动化逐步实现。

设计方法的分类有：优化设计、人机工程设计、可靠性设计、产品数据管理技术、计算机辅助设计、计算机辅助工程、知识工程、降低成本设计技术等。

（二）UI设计的实用方法

1.思维导图法

这是一项效率极高的学习方法，它能够将各种点子、想法以及它们之间的关联性用图像视觉的景象呈现。它能够将一些核心概念、事物与另一些概念、事物形象地概念组织起来，输入我们脑内的记忆树图。它允许我们对复杂的概念、信息、数据进行组织加工，以更形象、易懂的形式展现在面前。它是根据人的认知和思维特征出发发展出来的工作和思维方法。

（1）从事物关联性着手进行联想。可以从该事物的三个方面入手——"相近的""相反的""相关的"。比如，当我们接触到"冰块"这样的相关题材时，对应地可以想到"水""火苗""蓝色"……

（2）从视、听、嗅、味、触五种感受进行联想。人与生俱来的五感，其实就是相当好的工具。如果对一个事物实在没有任何想法，可以从五感入手，或许你就能发现灵感的源泉会不断地在脑子里涌现。同样，当我们接触到"冰块"这样的相关题材时，对应地会想到"透明""淡蓝色""纯净""冰凉""湿滑"……

（3）5W3H分析法，又称"八何分析法"。5W3H是描述问题的手段，具体指的是：Why、What、Where、When、Who、How、How much、How feel。翻译成中文就是为什么？是什么？何处？何时？由谁做？怎样做？成本多少？结果会怎样？

目前常用的思维导图绘制软件有 MindManager、Axure、Mockup、Visio 等。

2.情境化设计法

情境化设计法是将设计师置身于具体情境的设计方法。以用户(行为)为中心进行设计,设计的目的是满足用户的需求,达成其目标,并规划其合理的生活方式。但是用户的特征、目标、关注点和设计师的设想未必一致。所以直接接触是了解用户最有效的手段。

情境化设计法通常会用到可用性测试。可用性测试也是围绕着用户展开的,是检验设计成果的重要手段。其基本过程主要有:调研、建模、需求定义、框架定义、优化设计方案。

3.现代设计方法

(1)突变方法论

突变方法论是现代设计的关键。因为人类要突破自然增长的极限,不断开拓发展,关键就是要有创新、有突破,才会有新的思想、新的理论、新的设计、新的事物。

因此,它们是一种用于开发性设计的科学方法。目前,对于这些方法已经建立起初步的数学模型,已可对设计创造的质的飞跃进行一定的定量描述。

(2)信息方法论

信息方法论是现代设计的前提,具有高度的综合性。它已超越了原先应用于电信通信技术的狭义范围,延伸到经济学、管理学、人类学、语言学、物理学、化学等与信息有关的一切领域。主要研究信息的获取、变换、传输、处理等问题。常用的方法有预测技术法、信号分析法、信息合成法等。

（3）系统方法论

系统方法论是以系统整体分析及系统观点来解决各种领域具体问题的科学方法。从整体上看，系统方法论不外乎是系统分析（管理）—系统设计—系统实施（决策）三个步骤。具体设计方法有：系统分析法、逻辑分析法、模式识别法、系统辨识法等。

人类认识论的发展，已将工业设计置于"人—机—环境—社会"的大系统中，由此创造人们新的生活、生存方式。

（4）离散方法论

同系统方法论相反，离散方法论将复杂的、广义的系统离散为分系统、子系统、单元，以求得总体的近似与最优细解。常用的方法有：微分法、隔离体法、有限单元法、边界元法、离散优化法等。

（5）智能方法论

智能方法论是现代设计的核心。是运用智能理论，采取各种方法、工具去认识、改造、设计各种系统，发掘人的潜能的方法。常用的方法有：计算机求解、设计、控制；机器人技术、仿生物智能、专家系统等。

（6）控制方法论

控制方法论重点研究动态的信息与控制、反馈过程，以使系统在稳定的前提下正常工作。

现代认识论将任何系统、过程、运动都看成一个复杂的控制系统，因而控制方法论是具有普遍意义的方法论。

常用的方法有：动态分析法、柔性设计法、动态优化法、动态系统辨识法等。

（7）对应方法论

世界上的事物虽然千差万别，但各类事物之间存在某些共性或相似的恰当比拟，具有大量而普遍的对应性。以相似或对应模拟作为思维、设计方式的科学方法，即为对应方法论，例如科学类比法、相似设计法、模拟设计法、建模技术、符号设计法等。

（8）优化方法论

优化方法论或优化设计法，即用数学方法在给定的多因素、多方案等条件下得到尽可能满意的结果,这是现代设计的宗旨。有线性和非线性规划、动态规划、多目标优化等优化设计法,以及优化控制法、优化实验法等。

(9)寿命方法论

设计中以产品使用寿命为依据,保证使用寿命周期内的经济指标与使用价值,同时谋求必要的可靠性与最佳的经济效益的方法论,即为寿命方法论,也有称作功能方法论。有可靠性分析法、可靠性设计法、功能价值工程等。

(10)模糊方法论

将模糊问题进行量化解题的科学方法。主要用于模糊参数的确定、方案的整体质量评价等方面。常用的方法有:模糊分析法、模糊评价法、模糊控制法、模糊设计法。

第四节 UI 设计的当代风格研究

一、何为设计风格

我们把设计风格拆分成设计与风格来看。设计是人类有目的性的审美活动,是为达到某一明确目的的自觉行为,而风格便是美的不同视觉形式。简单地说,设计风格就是一种视觉感受。

在装修房子的时候,设计师会问你喜欢什么风格的设计。例如,是现代简约风格,还是古欧式风格,又或是美式乡村风格。并根据你的喜好选择相应的涂料颜色,各种家具、灯具的搭配,以及窗帘等软装饰。

应用设计也是如此。图 6-6 所示的是淘宝和美团的首页截图,这两个应用使用了不同的配色、图标、字体和文案。你能明显感受到设计风格的不同。所以一个优秀的应用程序,一定要有自己固定的设计风格,而确立设计风格也是一个应用程序设计过程的开始。

图 6-6　淘宝和美团的首页设计对比

二、设计风格的确立

（一）寻找产品气质

产品都有自己的气质，这种气质是设计赋予的，但是设计要忠于产品目标和产品方向，形式服务于功能，不然只是"花瓶"而已。应用的气质性语言是应用的独特语言，它使应用具有鲜明的风格特点，能够增加应用的社会魅力。应用的气质性语言有很多，如柔美灵巧、阳刚有力、热情奔放、冷酷神秘、简约自然、有趣可爱、优雅高贵、高科技高品质、现代时尚、前卫新奇及复古经典等，每种应用气质都有着对应的视觉语言。

如图 6-7 所示的是 Yahoo Digest 的斜切表现形式，在不影响照片内容的呈现前提下，既能在视觉上显得与众不同，又在排版上巧妙地为色彩标签留了一角之地。比起一刀平，更显灵动而不失平衡感。因此需要通过设计师独家的设计灵感为每个产品赋予自身的气质。

图 6-7　Yahoo Digest 应用设计

(二)确定主色

　　淘宝的橘色,天猫的红色,微信的绿色,这些品牌色深入人心,可以说看到这个颜色就想到了这个应用。我们必须确定一个品牌色,一般品牌色就是主色,根据这个主色,搭配不同的辅助色,设计各种颜色的控件,通过各种控件组合成完整的界面。主色是应用颜色中的灵魂,更是一种可以强化的视觉的识别信号。主色会用在应用的导航栏上,导航栏是全局的,也是用户最容易重复看到的。

　　当然也有例外,如微信的配色,除了品牌色绿色,导航栏都是灰色的,控件也是使用不同灰度的色阶来搭配的。因为作为一定体量的应用,如何让用户"不讨厌"其实是一项非常重要的设计考量。虽然微信的界面设计并不炫酷,但是它也不会使大部分用户反感,而是使用户聚焦于内容。

(三)图标插图

选用恰当的图标设计手法,也能衬托出应用的气质。插图可以生动地折射出应用的整体风格。例如,纤细的线性图标显得设计非常高雅,不规则的卡通图标适合儿童类应用。

插画设计的风格也会影响整个设计的气质。如图 6-8 所示的规则矢量图形插画就显得中规中矩,而如图 6-9 所示的手绘插图则显得更加可爱温情。

图 6-8 推荐频道中的插画

图 6-9 闺密圈中的插画

(四)选择字体

字体是设计师的重要武器之一,恰当地运用字体,可以使产品的定位和内容的情感得到加倍的表达。优秀的字体设计,既可以起到传递信息的功能,也可以达到视觉审美的目的。然而困扰许多设计师的是,不管是哪个平台,移动系统自带的中文字体实在是太少了,而且没有什么特色。内嵌字体,成为一些追求完美的设计师的一个解决方案。

（五）优化排版

排版设计是指在有限的版面空间里，将界面元素按照所要表现的主题和设计美学进行编排组合，形成一个富有艺术美的整体形象的行为。应用界面的排版设计决定应用最终的视觉形象，传达应用的个性气质，对应用的品牌形象有重要的影响。

IDEAT 理想家 APP，以展示设计、艺术和风尚的内容为主，如图 6-10 所示。APP 界面上除了内容图片之外，几乎没有黑白以外的其他色彩元素。通过衬以黑底的高亮白字，既是内容又是装饰，贯穿在整个 APP 设计元素当中。调节这些文字与其他内容之间的间距，又在排版上起到了作为点、作为线，甚至作为面的不同功用。

图 6-10　IDEAT 理想家界面截图

（六）确定文案

文案是应用的构成要素之一，它是以语词进行应用信息内容的表现形式。文案对于加速应用产品信息的传播有非常重要的作用，优秀的文案设计可以提高应用效率。应用中的文案风格能直接体现应用的气质。例如，淘宝整体文案风格是欢乐和亲切的感觉。下面截取一些淘宝的文案：

抽风，网络又抽风了。

忽悠，接着忽悠。

地主家也有没粮的时候。

亲，懒死你算了。

闲着也是闲着，不如逛逛街吧。

不要认为文案是产品设计的事情，作为一个有追求的设计师，理应尽可能从方方面面的细节去提升应用的设计品质。

三、扁平化风格的特点与实现方法

UI界面设计的风格多种多样，每一种都有鲜明的特征。这里我们主要讨论一下目前UI界面设计中呈现较多的扁平化风格。

扁平化设计是指舍弃渐变、阴影、高光等拟物化的视觉效果，从而打造出一种看上去更加平面的界面风格。扁平化的网页设计更适合用于需要同时支持多种屏幕尺寸的响应式设计技术中。扁平化设计风格的逐渐兴起也可以看作对多年以来过度设计、过度雕琢的界面风格的逆袭。扁平化通常以四种风格出现：常规扁平化、长投影、投影式、渐变式。

（一）拒绝特效

扁平化这个概念最核心的地方就是放弃一切装饰效果，诸如阴影、透视、纹理、渐变等，能做出3D效果的元素一概不用。所有元素的边界都干净利落,没有任何羽化、渐变或者阴影。如今从网页到手机应用无不在使用扁平化的设计风格,尤其在移动端设备手机、平板电脑上,因为屏幕的限制,使得这一风格在用户体验上更有优势,更少的按钮和选项使得界面干净整齐,使用起来格外简单。

(二)界面元素

扁平化设计通常采用许多简单的用户界面元素,诸如按钮或者图标之类。设计师们通常坚持使用简单的外形(矩形或者圆形),并且尽量突出外形,这些元素一律为直角(极少的一些为圆角)。这些用户界面元素可以方便用户点击,极大地减少用户学习新交互方式的成本,用户凭经验就能大概知道每个按钮的作用。

此外,扁平化除了简单的形状之外,还包括大胆的配色。但是需要注意的是,扁平化设计不是说简单地搞些形状和颜色搭配起来就行,它和其他设计风格一样,是由许多的概念与方法组成的。

(三)优化排版

由于扁平化设计使用特别简单的元素,排版就成了很重要的一环,排版好坏直接影响视觉效果,甚至可能间接影响用户体验。

字体是排版中很重要的一部分,它需要和其他元素相辅相成。在扁平化设计作品里尽量采用简洁的无装饰感的字体,这也可以成为简化设计的有力武器。

(四)如何配色

扁平化设计中,配色是最重要的一环,扁平化设计通常采用比其他风格更明亮、更炫丽的颜色。明亮的色彩能带来一种活力感和趣味性,柔和、细腻的色彩却无法做到这一点。同时,扁平化设计中的配色还意味着更多的色调。比如,其他设计最多只包含两三种主要颜色,但是扁平化设计中会平均使用六种到八种颜色。而且扁平化设计中,往往倾向于使用单色调,尤其是纯色,并且不做任何淡化或柔化处理(最受欢迎的颜色是纯色和二次色)。另外还有一些颜色也挺受欢迎,如复古色(浅橙、紫色、绿色、蓝色等)。

(五)最简单的交互方案

设计师要尽量简化自己的设计方案,避免不必要的元素出现在设计中。简单的颜色和字体就足够了,如果还想添加点什么,尽量选择简单的图案。扁平化设计尤其对一些做零售的网站帮助巨大,它能很有效地把商品组织起来,以简单但合理的方式排列。

(六)减少结构层级

先从字面上来理解交互的"扁平化",与之相对的应该是"结构层级",在这里理解为交互步骤。想要用户用最少的步骤来完成任务,就要使层级结构扁平化,所以交互步骤和层级结构是相互关联的。

那么什么是层级结构呢?以淘宝为例来看看 PC 端的 Web 界面。最底层页面就是其首页,包含的页面综述非常丰富,从广度来讲覆盖面是非常大的,如图 6-11 所示。再来看深度:从鞋包配饰到女鞋到单鞋再到各种品牌,如图 6-12 和图 6-13 所示。可以看出,Web 网页更注重深广度的平衡。

图 6-11　淘宝界面(一)

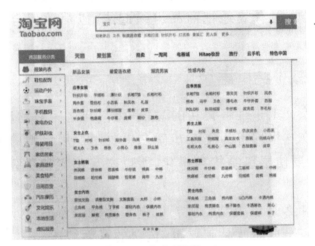

图 6-12　淘宝界面(二)

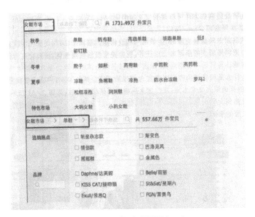

图 6-13　淘宝界面(三)

再看手机端。很显然，如果直接把 Web 上的结构搬到手机上是行不通的，由于手机设备的限制，淘宝手机主界面的广度大大减弱，而信息深度更为明显。

PC 上可以用各种导航清晰地表现出层级结构，使用户不在复杂的层级结构中迷路。但是，移动设备的显示区域有限，没有足够的地方来放置这样的路径，更多的时候只能用返回操作。

怎样才能做到在移动端减少结构层级从而精简交互步骤呢？这里总结了以下几种方法。

1.信息并列显示

将并列的信息显示在同一个界面中，减少页面的跳转。如 Next day，此应用分别以年、月、周、日的方式展示，单击下面的时间线，内容将直接在当前页面切换而没有转跳，如图 6-14 所示。

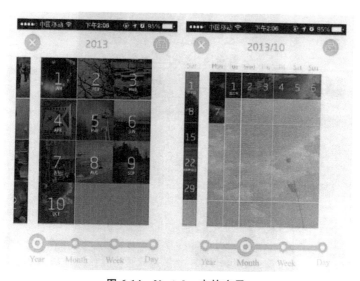

图 6-14　Next day 中的应用

2.应用快捷方式

以 iOS 7 为例，在任意界面只要向上滑动都能从底部呼出一个快捷菜单，设置"Wi-Fi"和"手电筒"时可以直接从该菜单中操作，如图 6-15 所示。

　　在 iOS 6 中，如果需要设置"Wi-Fi"，则要先切换到"设置"界面，找到"Wi-Fi"，切换到"Wi-Fi"界面，然后从中选择可用的网络，如图 6-16 所示。

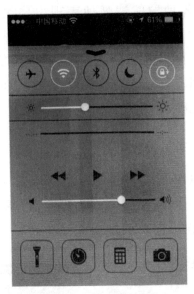

图 6-15　iOS 7 控制中心

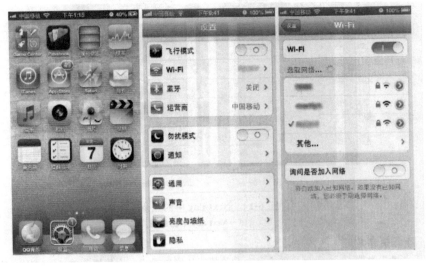

图 6-16　iOS 6 界面

3.显示关键信息

图 6-17 所示为豆瓣电影的购票流程。

图 6-17　豆瓣电影

步骤是：(1)选择影片；(2)选座购票；(3)选择影院。在购票流程中，界面除了显示最基本的信息外，还显示"更多""××元起"等信息。这些关键信息能够使用户快速获得更多方面的信息，提高购票效率。

(七)似扁平化与长投影

1.似扁平化

最近还有一种趋势值得关注，就是"似扁平化"，一些设计师把某一项特效融入整体的扁平化之中，使其成为一种独特的效果，如图 6-18 所示。比如说，在简单的按钮上加一点点渐变或阴影，从而使这种风格成为其特色，产生出一种扁平化设计的变种。这种设计要比单纯的扁平化更具有适用性和灵活性。许多设计师比较喜欢这种设计，因为这意味着他们可以加点阴影或透视在某些元素上。用户可能也会喜欢这种稍微圆滑一点的设计方式，这能引导他们进行一些适当的交互。

图 6-18　似扁平化风格图标

2. 长投影

某种程度上是扁平化设计的拓展或者说下一个阶段。在秉持扁平化设计基本审美的同时,这一设计在长投影的帮助下使设计更有深度并同时保持了设计的扁平化。设计师通常通过给图标添加阴影的方式来创立长投影设计。它一般是把一个普通阴影的长度拓展了 45°。图标或标志通过这样的处理会使设计更加具有深度。长投影设计不是一种独立的设计,而是扁平化用户界面设计世界的一个新的元素或是纵深发展,如图 6-19 所示。

图 6-19　长投影设计

伴随着长投影设计的日益流行，热衷于扁平化用户界面的设计师选择在他们的网页中使用长投影设计作为他们扁平化设计概念的一部分去创建极简并且吸引人的用户界面。长投影设计对于上文提到的设计师想着重强调粗体的图标和标志是极为理想的。通过运用长投影设计，这些图标会更加具有深度，也会更加夺人眼球。

第五节　UI 设计的趋势分析

一、唯一主色调化

为什么要定义一个界面有多种颜色？仅仅用一个主色调是不是就能很好地表达界面层次、重要信息，并且能展现良好的视觉效果？事实上正是如此，随着 iOS 7 的发布，我们看到了越来越多的唯一主色调风格的设计，采用简单的色阶、配套灰阶来展现信息层次，但是绝不采用更多的颜色。

Readability 采用红色主色调设计，连提示信息背景色、线性按钮和图标都采用红色主色调，界面和 logo 也完全是一个色系的；Vivino 采用蓝色主色调设计，信息用深蓝、浅蓝加以区隔。Eidetic 采用橙色主色调设计，其中，关键的操作按钮甚至整个用橙色提亮，信息图标也用深橙色、浅橙色来表示不同的重要程度，如图 6-20 所示。

图 6-20　**Readability、Vivino 和 Eidetic**

可以说,唯一主色调设计手法真的做到了移动端 APP 的最小化(minimal)设计,减少了冗余信息的干扰,使用户更加专注于主要信息的获取。

二、多彩色化

与唯一主色调形成对照关系的就是 Metro 引领的多彩色风格,其出现了不同页面、不同信息组块采用多彩撞色的方式来设计的风格,甚至同一个界面的局部都可以采用多彩撞色的方式,也因此产生了许多优秀的设计。

优衣库的 RECIPES,是一个让人眼前一亮的设计案例,多彩色的设计风格融入整个 APP 中,无论是切换标签页,还是在内容组块中的滚动,都会变更不同的主题色。色彩切换时,还会有淡入淡出的效果,让切换变得非常自然,全无生硬之感。RECIPES 的番茄钟计时器模块会一边计时一边播放美食图片及优美的背景音乐,同时切换不同的主题颜色,而且随着主题颜色的变更,所有的前景文案、图片也会变更为该色系,再加上清晰度极高的美食图片,真的是视觉加听觉的双重享受。优衣库的 RECIPES 如图 6-21 所示。

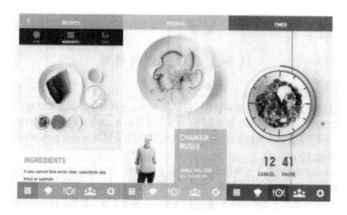

图 6-21 优衣库的 RECIPES

三、数据可视化

对于信息的呈现,越来越多的界面开始尝试数据可视化和信息图表化,让界面上不仅有列表,还有更多直观的饼图、扇形图、折线图、柱状图等丰富的表达方式。表面上看起来不是一件难事,但若真想实现,其复杂程度也是不容小觑的。

Nice Weather 用曲线图来表示温度的变化,Jawbone UP 用柱状图来表示每天的完成情况,PICOOC 用折线图来表示每天体重、体脂的变化,如图 6-22 所示。移动 APP 利用数据可视化和信息图表可视化,可以在更小的屏幕空间内更立体化地展示内容。

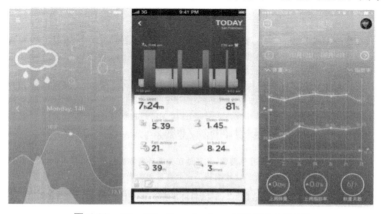

图 6-22 Nice Weather、Jawbone UP 和 PICOOC

四、卡片化

卡片也是一种采用较多的设计语言形式。我们无法考究这种卡片的设计是从 Metro 的 tiles 流行起来的，还是从 Pinterest 的瀑布流流行起来的，总之可以发现，Google 的移动端产品设计已经全面卡片化，甚至 Web 端也沿用了这种统一的设计语言。

luvocracy 的卡片流突出了信息本身，用大图和标题文字吸引用户，强化了无尽浏览的体验，吸引用户一直滚动下去；Google Now 的卡片则更加的定制化、个性化，有的卡片是用来做用户教育的，有的卡片是用来告知天气的，有的卡片是呈现联系人列表的，有些卡片是显示待办事项的，不同的卡片都遵循在一个统一宽度和样式的卡片内进行设计，既保证了卡片与卡片之间的独立性，又保证了服务与服务的统一化设计；Shazam 则用一种趣味的卡片样式来呈现专辑和歌曲，如图 6-23 所示。

图 6-23　luvocracy、Google Now 和 Shazam

五、内容至上原则

无论是 APP 产品还是 Web 产品，都应突出内容，当繁华褪尽时，再重新去看 APP 和 Web 存在的意义。不外乎是给用户提供了非常好的服务。与内容相比,所有的设计和包装都不过是一种表现方式,而真正有价值的 APP 一定是以内容取胜。

Artsy 的图片瀑布流完全没有用线和面来区分信息组块,而是用内容本身做排版,用户可以将注意力更加集中在图片内容上;Prismatic 利用字体排版,尽可能地将内容前置,弱化图标和操作,让用户将注意力更加集中在内容阅读上;而 MR Porter 则直接利用商品图片、名称和价格做设计,让用户聚焦于商品本身,如图 6-24 所示。

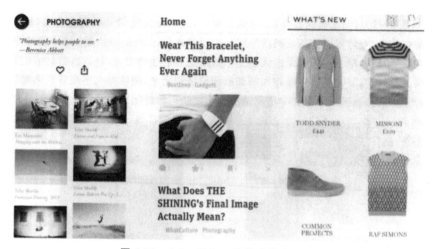

图 6-24 Artsy、Prismatic 和 MR Porter

六、圆形的运用探索

圆形是最容易让人觉得舒服的形状,尤其是在充满各种方框的手机屏幕内,增加一些圆润的形状点缀,可以使整个界面变得比较柔和。一个有意思的现象是,iPhone 的拨号数字键盘,一开始都是矩形设计,到 iOS 7 均变成了圆形。可以说是对传统电话的致敬,也可以说是增强了界面的柔和感。当然也要处理圆形的实际点触区域,不要因为设计成圆形,点触区域就变小了,导致点击准确率下降,易用性受到影响。

Beats Music 将喜欢的标签设计成了圆形,这就比普通的列

表、矩形标签的感觉要好很多，更加具有趣味性和探索性；Moves
将每天走的步数、消耗的卡路里均用圆形承载，是数据可视化、关
键信息显性化的最好案例；Tumblr 则把要创建的内容的类型用
蒙层＋圆形选项按钮的方式进行设计，让选择变得专注而明确，
却又不那么呆板，如图 6-25 所示。

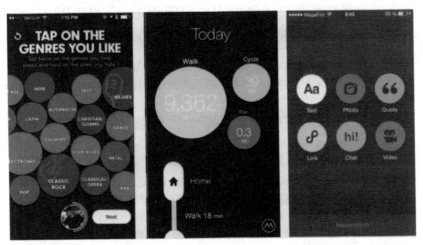

图 6-25　Beats Music、Moves 和 Tumblr

参考文献

[1]陈珊妍.图形创意[M].南京:东南大学出版社,2012.

[2][美]萨马拉著;温迪,王启亮译.完成设计:从理论到实践[M].南宁:广西美术出版社,2008.

[3]黄志华.图形创意与应用[M].长沙:湖南大学出版社,2011.

[4]刘境奇.图形创意[M].北京:化学工业出版社,2014.

[5]崔生国.图形设计[M].上海:上海人民美术出版社,2015.

[6]费飞.图形创意[M].北京:人民美术出版社,2010.

[7]李颖.图形创意设计与实践[M].北京:清华大学出版社,2015.

[8]刘芳.字体设计与实践[M].北京:清华大学出版社,2016.

[9]张如画.字体创意设计[M].长春:吉林美术出版社,2015.

[10]习龙.字体设计[M].合肥:合肥工业大学出版社,2016.

[11]吴莹.字体设计[M].上海:上海人民美术出版社,2016.

[12]林国胜,毛利静,刘东霞.字体设计与应用[M].北京:人民邮电出版社,2016.

[13][瑞士]布罗克曼著;徐宸熹,张鹏宇译.平面设计中的网格系统[M].上海:上海人民美术出版社,2016.

[14]胡介鸣.立体构成[M].上海:上海人民美术出版社,2009.

[15] 韩冬楠,边坤. 视觉传达设计[M]. 北京:中国水利水电出版社,2012.

[16] 王雪青. 视觉传达设计[M]. 杭州:浙江人民美术出版社,2012.

[17] 单莹莹. 视觉传达设计[M]. 北京:中国水利水电出版社,2010.

[18] 刘文庆. 视觉传达设计[M]. 北京:清华大学出版社,2012.

[19] 潜铁宇,熊兴福. 视觉传达设计[M]. 武汉:武汉理工大学出版社,2005.

[20] 张福昌. 视觉传达设计[M]. 北京:北京理工大学出版社,2008.

[21] 吴予敏,李新立. 视觉传达设计基础[M]. 长沙:中南大学出版社,2009.

[22] 潘尔慧. 视觉传达设计形式原理[M]. 北京:中国轻工业出版社,2007.

[23] 葛鸿雁. 视觉传达设计原理[M]. 上海:上海交通大学出版社,2010.

[24]郭振山. 视觉传达设计原理[M]. 北京:机械工业出版社,2011.

[25]余永海,周旭. 视觉传达设计[M]. 北京:高等教育出版社,2006.

[26]王延羽. 视觉传达设计[M]. 北京:中国轻工业出版社,2011.

[27]杜士英. 视觉传达设计原理[M]. 上海:上海人民美术出版社,2009.

[28]周宏,黄国松. 视觉传达艺术设计基础[M]. 郑州:河南美术出版社,2003.

[29]康兵. 视觉传达基础与应用[M]. 北京:高等教育出版社,2006.

［30］安晓波，王晓芬. 艺术设计造型基础［M］. 北京：化学工业出版社，2010.

［31］刘晓芳，袁晓维. 移动 UI 设计之案例与实战［M］. 北京：北京航空航天大学出版社，2016.

［32］黄岩. UI 设计与制作［M］. 上海：上海人民美术出版社，2016.

［33］［日］古贺直树著；张君艳译. 好设计不简单Ⅱ：UI 设计师必须了解的那些事［M］. 北京：人民邮电出版社，2014.

［34］张小玲，张莉. UI 界面设计［M］. 北京：电子工业出版社，2014.

［35］常丽. 潮流：UI 设计必修课［M］. 北京：人民邮电出版社，2015.

［36］［美］艾德华著；朱民译. 像艺术家一样思考Ⅲ：贝蒂的色彩［M］. 哈尔滨：北方文艺出版社，2008.

［37］［德］爱娃·海勒著；吴彤译. 色彩的性格［M］. 北京：中央编译出版社，2008.

［38］张黔. 设计艺术美学［M］. 北京：清华大学出版社，2007.